TRAITÉ DES DIAMANTS ET DES PERLES.

TRAITÉ DES DIAMANTS ET DES PERLES,

OU L'ON CONSIDERE LEUR IMPORTANCE,

On établit des régles certaines pour en connoître la juste valeur,

Et l'on donne la vraie méthode de les tailler.

On y trouve aussi des Observations curieuses, également utiles aux Négociants, & aux Voyageurs, & qui intéressent même la Politique.

Par DAVID JEFFRIES, *Jouaillier.*

Ouvrage traduit de l'Anglois, sur la seconde Edition qui a été considérablement augmentée.

et mise au jour par M. Chapotin

A PARIS,

Chez { DEBURE l'ainé, à l'Image Saint Paul. / N. TILLARD, à Saint Benoît. } Quai des Augustins.

M. DCC. LIII.

AVEC APPROBATION ET PRIVILEGE DU ROY.

A SON ALTESSE SÉRÉNISSIME
MONSEIGNEUR
LE PRINCE DE CONDÉ
PRINCE DU SANG.

ONSEIGNEUR,

Le désir de joindre mes hommages à tous ceux qui vous sont si justement présentés dans l'heureuse circonstance du

Mariage de VOTRE ALTESSE SÉRÉNISSIME, *l'a emporté ſur ma timidité naturelle, & m'a inſpiré la confiance de mettre ſous votre protection, ce petit Ouvrage.*

Son objet eſt Méchanique, & par là il ſembleroit peu digne de vous être préſenté; mais comme ce Méchanique regarde l'art de faire paroître dans tout leur éclat les plus riches Bijoux, qu'il n'appartient qu'à un Grand Prince de poſſeder avec une certaine abondance; j'ai penſé que les connoiſſances qu'il donne pour l'Artiſte, n'avoient rien d'incompatible avec celles qui conviennent à un amateur, & à un Protecteur des beaux Arts, titres que la Majeſté des plus grands Rois ne dédaigne pas, & qui leur fait toujours honneur.

Il n'y a point à douter, MONSEIGNEUR, *que vous ne marchiez ſur les pas des Grands Hommes qui ſe ſont fait gloire de les proteger; c'est dans cette assurance que ce Livre ose paroître devant vous; il n'est à la verité qu'une Traduction, mais la Traduction fidéle d'un Ouvrage excellent en son genre, ne vaut-elle pas mieux qu'une médiocre production; quoiqu'il en soit, je supplie très humblement* VOTRE ALTESSE SÉRÉNISSIME *de ne pas tant regarder la chose en elle-même que le zéle qui m'anime, & l'ardeur que j'ai de pouvoir, de votre aveu, me dire avec le plus profond respect,*

MONSEIGNEUR,

DE VOTRE ALTESSE SÉRÉNISSIME,

Le très-humble & très-obéissant Serviteur
CHAPPOTIN S. LAURENT,
de la Bibliotheque du Roy.

DISCOURS

DISCOURS PRÉLIMINAIRE.

IL regne ordinairement dans chaque siécle un goût de préférence pour quelque étude particuliere. Mais quelque soit ce goût, on a remarqué que celui pour les Sciences & pour les Beaux Arts, ou pour quelques-unes de leurs parties, a toujours été le goût dominant. C'est ainsi que dans ce siécle on voit fleurir l'Astronomie, la Géométrie, l'Architecture, la Peinture, la Sculpture, &c. Et parmi les divers objets qui affectent le plus les esprits, la Physique en général, & principalement la Physique Expérimentale (*a*), paroît surtout at-

(*a*) Les progrès de cette étude ne peuvent plus rencontrer d'obstacles. Quels heureux succès ne doit-on point en attendre! La reconnoissance que les amateurs de cette utile & agréable partie des Sciences, en témoigneront à l'Auguste Monarque qui nous gouverne, sera sans doute proportionnée à l'objet qui la mérite, c'est à dire immense. Ce Heros mettant à profit les loisirs de la paix que sa valeur a rendue à toute l'Europe, vient de faire un établissement qui suffiroit seul pour immortaliser son régne dans la république des Lettres, comme il l'est à jamais dans l'Histoire, si c'étoit le premier bienfait que les Lettres dussent à ses libéralités; mais ne cherchons point a employer d'autres termes pour annoncer cet établissement, que ceux qui viennent d'etre consacrés par

tacher plus de gens, ou les amuser en les instruisant. Cette affection dominante seroit seule capable de détruire l'accusation de Frivolité (*a*) que l'on a intentée contre notre âge; & s'il y a beaucoup de gens oisifs qui s'occupent de riens, on peut dire aussi que, proportion gardée, beaucoup plus de personnes, de celles même que leur naissance,

le simple, mais élegant & fidele monument historique journalier de notre Nation, en annonçant ce fait pour être transmis à la postérité, c'est dire à l'immortalité. En voici l'extrait tiré de la Gazette de France, du 31 Mars 1753. N°. 13 p. 155. article de Paris. *Le College de Navarre établi dès le commencement du quatorziéme siécle dans cette Capitale, est un monument de l'amour de nos Rois pour le progrès des Lettres. Fondateurs de cette Maison, ils se sont portés dans tous les tems à la soûtenir par leur protection & par leurs bienfaits. Sa Majesté ayant hérité des sentimens de ses prédécesseurs, honore de la même attention tout ce qui peut concerner l'intérêt des Sciences. En conséquence, elle a jugé à propos....* d'établir *une chaire de Physique Expérimentale dans ce Collége. On doit attendre d'autant plus de fruits de cet* établissement, *que le Roy a choisi lui-même, pour remplir la nouvelle Chaire, l'Abbé Nollet de l'Académie Royale des Sciences, de la Societé Royale de Londres, de l'Institut de Bologne, & ci-devant Maître de Physique de Monseigneur le Dauphin. L'Abbé Nollet commencera immediatement après les fêtes de Pâques à donner ses Leçons publiques.*

(*a*) Indépendamment de ce qu'on lit à ce sujet dans de bons Ouvrages modernes, & des reproches répandus plus d'une fois dans nos Journaux périodiques, on a représenté le Carnaval dernier & ce Carême sur le Théatre de la Comédie Italienne une piéce en un Acte en vers, de M. de Boissy, qui porte qour titre *la Frivolité*. Elle paroit à présent imprimée, chez Duchesne, rue S. Jacques, au Temple du Gout. Cette piéce attiroit encore un concours prodigieux de Spectateurs, à sa trentiéme représentation,

leur état, ou leur ſexe, rendent privilegiées pour l'exemption du travail, s'y livrent par inclination. Delà vient ſans doute cette quantité de bons Ouvrages dont nos Journaux litteraires ſe trouvent nourris avec abondance chaque mois; & que la troupe conjurée des Ouvrages frivoles & de pur amuſement, ne peut écraſer ſous l'énormité de ſon poids, ou anéantir ſous ſon affreuſe multitude.

Ce Traité de la Taille des Diamants & des Perles, fut rangé dès ſa naiſſance dans la claſſe des Livres utiles, & il y fut diſtingué par la nouveauté de ſes principes, & par l'utilité des découvertes qu'il préſentoit. Annoncé avec avantage dans les Journaux étrangers comme dans les nôtres depuis quelques années, on cherchoit à Paris à le publier en françois: mais les recherches d'un Libraire intelligent, & ſes ſollicitations réiterées juſqu'en Angleterre même, pour pouvoir s'en procurer un exemplaire, furent vaines. Cet Ouvrage paroiſſoit condamné à demeurer confiné dans cette Iſle, lorſqu'un hazard plus heureux me l'ayant fait tomber entre les mains, au moment que j'y penſois le moins, ou, pour dire mieux, ſans ſçavoir même qu'il exiſtât, j'ai crû devoir en profiter pour en faire part au Public. Telle eſt l'origine de cette traduction. Ce n'eſt que depuis qu'elle eſt ſous preſſe, que j'ai appris les ſoins que s'étoit donné le Libraire dont je viens de parler, pour réussir dans le même dessein. J'ai pensé, que l'utilité de cet Ouvrage pouvoit le faire agréer. Je me suis confirmé dans mon idée, en considerant que l'on estimoit généralement tous les Ouvrages qui traitent de cette matiére. Et quoique celui-ci se borne à parler particuliérement de la Taille des Diamants, il s'y trouve néanmoins plusieurs observations curieuses sur les qualités qui rendent ces Bijoux des morceaux parfaits; & ces observations peuvent instruire le Connoisseur, en même tems qu'elles forment l'artiste. Elles sont accompagnées d'autres réflexions sur différens points de commerce & de politique : mais ceux qui y chercheroient de l'histoire naturelle sur les Diamants, trouveroient peu de quoi se satisfaire, les observations de ce genre étant celles qui y sont le moins répanduës. Je n'ai pas crû cependant devoir y suppléer. On trouve ces connoissances dans beaucoup d'autres excellents Ouvrages (*a*), qu'il est facile d'ac-

(*a*) Entre tous ces Ouvrages, il y en a trois surtout que les connoisseurs recherchent avec plus d'empressement & par préférence, mais que nos Catalogues de Ventes publiques offrent rarement l'occasion d'acquérir, & que l'on a souvent de la peine a trouver chez les Libraires. j'ai crû faire plaisir en les faisant connoître. Voici leur titre ou j'ai conservé exprès dans son entier le texte de leur édition. Le premier est : *Le parfait Jouaillier, ou Histoire des Pierreries, où sont amplement décrits leur naissance, juste prix, moyens de les connoître & se garder des contrefaites, facultés Médecinales, & proprietez curieuses. Composé* (en Latin) par *Anselme Boece de Boet Me-*

quérir. Je n'entreprendrai point de faire ici leur énumération ; cela n'est point de mon objet (*a*). Je me contenterai d'avertir seulement ceux qui ne voudroient avoir qu'une simple idée sur ces matiéres & connoissances, qu'ils trouveront ce qu'ils

decin de l'Empereur Rodolphe II. (& traduit en François par Bachou) *avec des remarques, des Tables, & des Figures, par André Toil, Docteur Medecin de Leide. Lion. J. Ant. Huguetan.* 1644. *in*-8°. Le second : *Les Merveilles des Indes Orientales & Occidentales, ou nouveau Traité des Pierres précieuses & perles, contenant leur vraye nature, dureté, couleurs & vertus : chacune placée selon son ordre & son dégré, suivant la connoissance des Marchands Orphevres : auquel est ajouté une petite Table fort exacte, pour connoître en un instant à quel titre les Marchands Orphevres de Paris & les autres dans toutes les principales Villes presque de toute l'Europe, travaillent l'or & l'argent. Par Robert de Berquen, Marchand Orphevre à Paris. Paris. de l'Imprimerie de C. Lambin.* 1661. *in*-4°. Le troisiéme enfin est : *Le Mercure Indien, ou le Trésor des Indes. Premiere partie dans laquelle est traité de l'or & de l'argent & du vif-argent, de leur formation, de leur origine, de leur usage & de leur valeur ; avec une explication sommaire des titres de l'or & de l'argent, & de leur affinage. Seconde Partie dans laquelle est traité des Pierres précieuses & des Perles : Ensemble de leur origine, de leur formation, de leur usage, & de leur valeur : avec un Traité sommaire des autres Pierres moins précieuses, savoir de l'Agathe, du Jaspe, du Lapis, & autres ; & même des Pierres plus communes, telles que le Corail, le Crystal, l'Ambre & le Bezoard. Avec une estimation des Pierres précieuses & des Perles, ensemble des autres Pierres moins précieuses. Par P. D. R.* (Pierre de Rosnel.) *Paris.* 1667. *in*-4°.

(*a*) Ce ne seroit pas au reste une petite entreprise que de rapporter tous les Ouvrages qui traitent directement ou qui n'ont qu'un rapport indirect aux Diamants & Pierres précieuses. Le gout pour ces objets devient apparemment général, & chacun s'empresse à en faciliter la con-

desirent dans un petit Ouvrage qui paroît depuis quelques années ; je veux parler de l'Almanach, intitulé, *Almanach très curieux sur la connoissance des Diamants, avec un supplément à l'instruction pour la connoissance des Diamants traitant des Perles, Escarboucles ou Pierres rouges, & autres* (a). J'avouerai même, que l'accueil que le Public a fait sans doute à ce petit Ouvrage, puisqu'on a continué de le lui donner chaque année, n'a pas peu contribué à me déterminer pour publier le mien. On peut comparer cet Almanach à ces esquisses où les Peintres cherchent à exprimer en trois ou quatre traits l'idée d'un grand sujet qu'ils méditent. A considérer ces traits, ils paroissent jettés au hazard, & ne parlent qu'aux yeux familiarisés avec ces essais. Tous les autres ont peine à comprendre comment de ces traits hazardés en apparence, mais avec une hardiesse dont la liberté est le fruit de l'habitude seule ou

noissance. Mais on ne s'attendroit par de les voir confondus avec la Pierre commune ou la Pierre à bâtir ; & l'on n'imagineroit pas d'aller chercher leur explication & leur étymologie dans un livre où il n'est question que d'Architecture ordinaire, & qui paroît depuis quelque tems sous ce titre *Dictionnaire étimologique des termes d'Architecture, & autres termes qui y ont rapport ; suivi de l'explication des Pierres précieuses, & leur étimologies. Par M. Gastelier. Paris, 1753. in-12.*

(a) Il se vend chez les Libraires l'Esclapart Pere & Fils, demeurants, le Pere rue S André des Arcs, vis-à-vis la rue Pavée, le Fils Quai de Conti entre la rue de Nevers & la rue Guenegaut.

plûtôt du génie, il en résulte des tous si complets dans leur perfection. Il en est de même de cet Almanach. Très mince dans son Volume, il dit un peu de tour ce qu'on peut dire sur la connoissance des pierres précieuses, soit Diamants blancs, soit Pierres colorées ; leur production, leurs vertus & propriétés, leur taille, leur valeur ; & l'on sent bien qu'il ne peut qu'abreger beaucoup, effleurer même très légerement sa matiére. Tout informe que soit cet abregé, parce qu'il est trop réduit, on pourroit aisément, sans changer ni grossir sa forme, lui donner le degré de perfection dont il est susceptible. Alors il pourroit suppléer dans cet état à l'acquisition & à la rareté des Ouvrages dont j'ai rapporté le titre dans une note, puisqu'il est travaillé sur leur plan, & qu'il peut passer pour un extrait, très court à la vérité, de ces Livres, & surtout de la seconde partie du *Mercure Indien*. La modicité de son prix peut d'ailleurs le mettre entre les mains de tout le monde. Bien loin de craindre qu'il puisse nuire à cette traduction, je pense au contraire que ces deux Ouvrages sont faits pour se servir de supplément l'un à l'autre. Leur objet est trop différent pour qu'ils puissent se détruire. Je ne chercherai jamais à établir aux dépens des ouvrages des autres, la réputation de ceux où je pourrois avoir quelque part.

Dans cet esprit, je ne sçaurois laisser passer l'occasion favorable de rappeller avec satisfaction aux vrais amateurs qui désireront avoir une connoissance plus solide sur les differentes espèces de Diamants & de Pierres fines de toutes couleurs, un autre Ouvrage excellent en ce genre. C'est *le Catalogue des diverses Curiosités du Cabinet de feu M. le Chevalier de la Roque, fait par feu M. Gersaint.* L'on ne peut trop en conseiller la lecture, pour la partie qui le fait rapporter aux Diamants & Pierres précieuses. Il ne contient à la vérité que la description de chacune des espèces qui se présentent, article par article, dans ce Catalogue; mais cette description, & le peu d'explication qu'il y ajoute, y sont proposées avec tant de netteté & de précision, qu'elles deviennent sensibles & palpables aux moins intelligens. Il n'est pas nécessaire que j'entre ici dans un plus grand détail de ce Catalogue : tout le monde connoît le mérite de ceux qu'a publiés M. Gersaint. On sçait qu'il ne laissoit échapper aucun moyen de les rendre aussi instructifs qu'il étoit possible; & dès-lors qu'un Cabinet lui présentoit une matiére nouvelle, & dont par conséquent il n'avoit point encore eu sujet de parler dans ses Catalogues précédens, c'étoit pour lui un motif de plus pour satisfaire son inclination à faire part au Public de ses connoissances. Il s'y attachoit à faire valoir cette partie principale, sans négliger les autres, & c'est ce qui rend tous ses Catalogues recommandables. C'est ainsi que la partie des Diamants est travaillée avec étenduë dans le Catalogue de M. de la Roque ; la Porcelaine, dans celui de M. de Fonspertuis, &c. & ainsi des autres. Il est inutile d'en donner ici la liste : M. Gersaint en plaçoit lui-même le détail à la tête de chacun de ceux qu'il publioit (*a*). Je sacrifie avec regret le désir que j'ai de rendre à sa mémoire le tribut que la reconnoissance me prescrit en considération de l'amitié qu'il me portoit. Je craindrois de renouveller des regrets encore trop récens, pour n'être pas sensibles à une tendre famille justement affligée. Un autre sujet me procurera sans doute une occasion aussi favorable de m'acquitter de nouveau de ce devoir, qui n'en sera pas moins toujours à sa place.

Après avoir annoncé les principaux Ouvrages où l'on peut puiser la connoissance de tout ce qui concerne les Diamants & autres Pierres précieuses, pour suppléer à ce qui ne se trouve point dans l'Auteur Anglois. Il paroîtroit naturel de parler de leur commer-

(*a*) Je ne me rappelle plus quel Libraire les vendoit ; mais on peut vraisemblablement s'adresser à Madame sa veuve. Elle continue le même commerce, & dans la même maison qu'occupoit M. Gersaint sur le Pont Notre-Dame.

ce, & ce feroit fans doute la place de le faire ici. On pouroit le confidérer de deux façons; du côté de fon objet, & du côté de fa pratique. Mais foit que j'examinaffe cet objet en général, ou le commerce des Diamants en particulier, je ne ferois que rebattre une matiére fur laquelle d'habiles gens fe font exercés en tant de differens ouvrages, anciens & modernes, même récens, qui ont obtenu les fuffrages du Public. Je ne m'arrêterai donc point fur cette partie. J'employerai feulement ce qui me refte à dire dans ce difcours, à expofer aux Lecteurs différents points fur lefquels il eft néceffaire de les prévenir.

C'eft furtout les gens de l'art en particulier, c'eft-à-dire les Lapidaires, les Jouailliers & autres Bijoutiers, & principalement ceux qui ne s'employent qu'à la taille des Diamants, qu'il convient de prévenir fur l'air de confiance avec lequel l'Auteur Anglois s'applaudit de fes découvertes, de fes connoiffances, & de la perfection où il dit avoir porté fon travail. Je les prie de confidérer que c'eft un étranger qui parle, & qui eft poffedé de la prévention en faveur de fa patrie. Il n'eft point douteux qu'il n'y ait par-tout des habiles gens en tout genre; mais la preuve la plus complette que la France, & fingulierement Paris, en raffemble plus qu'aucun autre pays, c'eft l'affluence d'Etrangers qui viennent, ſinon s'y inſtruire des premiers élémens, du moins s'y perfectionner dans le travail, & ſe former le gout dans la partie du commerce qu'ils ont embraſſée. Cela ſe remarque plus ſpécialement encore dans la profeſſion des Lapidaires, Metteurs en œuvre, &c. Enfin dans tout le commerce de la Jouaillerie & de l'Orfévrerie, dont preſque tous les Compagnons ſont Allemands ou Anglois. D'ailleurs perſonne n'ignore que l'Etranger s'adreſſe de tout pays à Paris, comme au centre du gout & de la perfection de l'art, pour y commander ce qu'il deſire acquérir de plus riche & de plus magnifique, en meubles, en équipages, en bijoux, en vaiſſelle, en tout en un mot. Ainſi les gens ſenſés ne feront point attention à une prévention excuſable dans ſon motif. Ne ſçait-on pas que le préjugé eſt une maladie de tous pays ? Malgré cet avertiſſement qui pouroit ſervir une fois pour toutes, de préſervatif contre ce qui ſe rencontrera dans ce Traité, de trop avantageux de la part de l'Auteur, au préjudice des autres nations; je releverai cependant encore par des notes particulieres chaque endroit, où je remarquerai qu'il tombe dans ce défaut.

Mais un point très eſſentiel à faire remarquer aux Lecteurs, ce ſont les calculs que l'Auteur employe dans les Chapitres XIII. & XIV. pour ſervir d'exemples aux règles qu'il pose, & pour prouver ce qu'il avance. Nous avons été obligé de les rendre tels qu'il les donne ; cependant il nous paroît qu'il pouvoit les établir sur un fondement plus simple, & plus analogique aux principes de l'arithmétique & du raisonnement. Nous en avertirons plus particulierement dans une note placée à cet endroit, où nous nous contenterons simplement de proposer notre doute, en laissant aux Lecteurs le plaisir de porter eux-mêmes leur Jugement sur cette partie. En plaçant ainsi cette note, nous leur ptocurerons une plus grande facilité pour comparer la difficulté, avec ce qui est dit dans le texte.

Une chose sur quoi il me paroît inutile de prévenir, c'est la jalousie de métier. J'ai toujours eu trop bonne opinion d'un corps aussi distingué & aussi bien composé que celui qui fait commerce à Paris des objets rélatifs à ce Traité (je parle du Corps des Lapidaires, &c.) pour penser qu'il puisse être susceptible d'une si honteuse maladie. Ainsi, sans m'arrêter à combattre un être imaginaire, je me contenterai d'observer, que bien loin de vouloir nuire à leur commerce par l'impression d'un Traité qui contient des instructions ou des connoissances qu'ils croyent peut-être inutiles à d'autres qu'à eux, on a dessein au contraire de leur devenir nécessaires, & cela par les raisons suivantes. Les principes établis dans ce Traité ſont vrais, ou ils ſont faux. S'ils ſont vrais, je conviens que cet Ouvrage eſt inutile aux maîtres de l'Art, parce qu'on ſuppoſe qu'ils les poſſédoient avant que ce Traité fût composé. S'ils ſont faux, je leur donne occaſion de faire voir l'erreur de l'Auteur Anglois, de détruire ſa prévention, & de prouver par là que l'Angleterre n'eſt pas le ſeul pays où il y ait d'habiles gens. Delà, quelle gloire ne réjaillira point ſur le Corps entier des Lapidaires de France ? D'un autre côté, ſi ce Traité ne contient que de bonnes choſes, il peut épargner beaucoup de peine aux Maîtres, en formant de bons Compagnons ; & l'habileté de ceux-ci peut contribuer réciproquement à l'avantage des Maîtres. D'ailleurs, combien de Maîtres n'ont pas le talent, quoique doués de tout le mérite poſſible dans leur partie, de donner des inſtructions ſur leur commerce ou ſur leur profeſſion, à ceux qui ont recours à eux pour en être inſtruits. Cet Ouvrage, s'il eſt bon, peut y ſuppléer ; car je n'oſe ſoupçonner qu'il y ait des Maîtres d'aſſez mauvaiſe foi, pour négliger, par raiſon d'intérêt, d'inſtruire ceux qui ſe livrent à eux pour ſe former dans ce commerce. Ainſi, dans quelque point de vûe qu'on enviſage ce Traité, il ne peut nuire au commerce des Lapidaires ; & par cette raiſon nous ne croyons pas qu'il ſe trouve quelqu'un d'assez mauvaise humeur pour le décrier sur ce seul motif. Il y a plus, si l'on consulte le préjugé, il se trouve favorable à ce Livre. Il est à sa seconde Edition en Angleterre, & son prix est de beaucoup audessus du prix ordinaire d'un Volume de sa forme. On est même prévenu en faveur de l'Angleterre sur la matiére qui en fait le sujet. Dans le Catalogue de M. de la Roque, que nous avons déja cité, M. Gersaint y dit, page 114. *La meilleure taille pour le Diamant-Rose se fait en Hollande, & pour le Brillant, celle d'Angleterre est beaucoup plus réguliere, plus nette & plus vive, & par conséquent plus estimée.* Or on ne peut disconvenir que ce soit un connoisseur, & un connoisseur intelligent qui parle ici.

Cependant on ne sauroit le dissimuler. Dans un Corps composé d'un aussi grand nombre de membres que l'est le Corps des Lapidaires & Jouailliers de Paris, il est difficile que tous soient animés d'un même esprit. Il n'est pas surprenant que dans les professions les plus relevées, il puisse se rencontrer quelqu'un qui soit atteint, ou peu ou beaucoup, de l'air contagieux de la jalousie. Nous sommes même déja informés de ce qui est arrivé en particulier au sujet de cette Traduction, lorsqu'on a sçu qu'on avoit dessein de la donner au Public. Il est toujours des gens qui voudroient ne conserver que pour eux seuls les connoissances qu'ils peuvent avoir acquises. Il n'est pas douteux alors, que ceux-là cherchent à détruire cet Ouvrage. Mais s'il est bon, qu'arrivera-t'il delà ? Ce qui est arrivé à l'occasion des Catalogues de M. Gersaint dont nous parlions un peu plus haut. Nous pouvons citer ce fait pour exemple. Lorsqu'il publia son premier Catalogue de vente publique, beaucoup de Marchands & d'Artisans s'offenserent de la bonne foi & de la franchise avec laquelle il instruisoit, en faisant observer le mérite des effets, ou en s'expliquant sur leurs défauts, en apprenant à connoître les morceaux rares, & donnant les conseils nécessaires pour sçavoir distinguer les meilleurs d'entr'eux, par les différences qui les spécifioient. Il a passé outre. Il a continué la même méthode dans les occasions qui lui ont procuré de publier de nouveaux Catalogues. Les clameurs sont tombées. Ceux qui faisoient le plus de bruit, étoient ceux qui y trouvoient le plus à apprendre. Mais telle est la force de la vérité ; elle franchit tout obstacle. Et ces mêmes personnes qui craignoient tant les lumières répandues dans ces Catalogues, réunissent aujourd'hui leurs voix pour prier la famille de ne point laisser ensevelir dans l'oubli les recueils qu'il avoit rassemblés dans le dessein d'en publier différens ouvrages. Et le Public attend des deux amis, qui ont déja commencé à faire revivre sa mémoire, en donnant son Catalogue de l'œuvre de Rembrand (*a*), la continuation de leurs bons soins pour faire paroître successivement ces différens recueils. Qui peut mieux nous le représenter qu'eux-mêmes? Pleins de son esprit, si nous ne possedons plus sa personne, ils nous transmettent son génie; & c'est cette disposition qui a tiré ces paroles de la bouche d'un Seigneur de la Cour des plus instruits, lorsqu'ils lui présenterent le Catalogue des effets de M. Gersaint (*b*), qu'ils avoient fait après sa mort pour la vente de ses tableaux & autres curiosités : *Mrs. vous faites revivre M. Gersaint ; nous le retrouvons en entier dans ce Catalogue ; on diroit qu'il seroit revenu de l'autre monde exprès pour le donner : c'est son esprit qui y parle.* Paroles remarquables, & dont on vient de voir vérifier l'espèce de prédiction qu'elles semblent renfermer, par le Catalogue (*c*) que ces mêmes Mrs. ont

(*a*) Catalogue raisonné de toutes les piéces qui forment l'Œuvre de Rembrandt, composé par feu M. Gersaint; & mis au jour avec les augmentations nécessaires par les sieurs Helle & Glomy. Paris, Hochereau l'aîné, Quai de Conti, vis-à-vis la descente du Pont-Neuf, au Phénix. 1751. in-12.

(*b*) Tableaux, Estampes & Desseins qui se trouvent dans le fond de feu M. Gersaint. Paris. 1750. in-8°.

(*c*) Catalogue d'un Cabinet de diverses Curiosités; contenant une collection choisie d'Estampes, de desseins, de Tableaux, & une suite unique de petits portraits de personnages illustres qui ont vecu depuis près de trois siécles, & dont plusieurs sont peints en émail; par le ce-

fait

fait au mois d'Octobre dernier, pour une vente faite dans les salles des Augustins vers la fin du mois de Novembre.

Si, malgré toutes les réflexions précédentes, il se trouvoit quelqu'un qui ne voulut point convenir de l'avantage que l'on trouve dans l'impression des traités sur le Commerce & sur les Arts, que pouvons-nous leur répondre? Quelles ont donc été leurs inquiétudes, lorsque les Auteurs du Dictionnaire Encyclopédique ont publié leur programme? Et nous ne faisons autre chose en donnant ce Traité, que de les prévenir dans leurs vues. Bien loin de craindre qu'ils nous en sachent mauvais gré, nous espérons au contraire que ce Traité leur sera agréable, puisqu'ils disent qu'ils feront usage de ceux qu'ils trouveront publiés sur les arts, & qu'ils en donneront sur ceux sur lesquels on n'a point écrit jusqu'à présent, se plaignant eux-mêmes de la disette de Traités, sur beaucoup d'arts qui demanderoient d'être plus connus. Voici leurs propres paroles extraites de la premiere colonne de la page 4 de ce *Prospectus* si estimé & à si juste titre, qu'ils ont distribué, en annonçant au public leur très utile & très laborieuse entreprise : *La partie des Arts mécaniques ne demandoit ni moins de détails, ni moins de soins. Jamais*

lebre Petitot. Par les sieurs Helle & Glomy Paris. Veuve Delormel. 1752 in- 12.

peut-être il ne s'est trouvé tant de difficultés rassemblées, & si peu de secours pour les vaincre. On a trop écrit sur les Sciences : on n'a pas assez bien écrit sur la plupart des Arts libéraux : on n'a presque rien écrit sur les Arts mécaniques ; car qu'est ce que le peu qu'on en rencontre dans les Auteurs en comparaison de l'étendue & de la fécondité du sujet ? Si leur ouvrage n'eut pas été entierement fini avant que d'être livré à l'impression, nous aurions donc pû nous flatter de leur être utile en publiant d'avance ce Traité, & nous aurions regardé l'usage qu'ils en auroient peut-être fait, comme la récompense la plus agréable pour nous, du soin que nous prenons de le donner. On connoît tout le poids de leur suffrage ; & l'approbation de cette savante Compagnie eût été le préjugé le plus honorable & le plus avantageux que l'on eut pû former pour ce Livre, s'il l'eût mérité.

Bien loin donc de craindre de honteux préjugés, ou de basses manœuvres, & d'odieuses pratiques, contre ce Traité ci, nous concevons au contraire une confiance modeste en le publiant & nous le déférons entierement au jugement & aux lumieres des maîtres dans l'art dont il traite : nous nous flattons que leur équité naturelle & leur amour pour le bien public, les engagera à nous communiquer les judicieuses observations qu'ils voudront bien faire en le lisant. C'estpourquoi nous croyons, en les supposant dans ce dessein, devoir les prévenir de ce qui suit.

Dans cette Traduction (dont je ne suis que l'Editeur) on s'est moins astraint à traduire littéralement, que l'on n'a eu d'égard au sens de l'Auteur, pour ne point tomber dans une prolixité, & dans des redites que le génie différent des deux langues eût absolument occasionnées. Cependant on a cru ne devoir point trop s'éloigner de la lettre, afin de conserver & de donner l'ouvrage de l'Auteur Anglois. Mais on pourroit le réduire, parce que l'Auteur n'étant que commerçant & nullement dans l'habitude d'écrire, comme il le dit lui-même vers la fin de son ouvrage, il est tombé dans des répétitions, & dans des discours inutiles, tels que des transitions forcées, & autres endroits qui se feront bien sentir au Lecteur.

Ainsi donc, si les gens de l'art, ou autres, vouloient bien remettre ou faire remettre *gratis* chez les Libraires, leurs observations, tant sur ce point que sur le fond de l'ouvrage, sur ses principes & sur ses instructions, on en profiteroit; & si ce Livre avoit l'avantage de parvenir à une réimpression, on donneroit alors un ouvrage qui n'auroit plus du premier que l'idée d'être pris de l'Auteur Anglois, & qui n'offriroit que la simple pratique; ce qui rendroit ſans doute l'ouvrage plus parfait, quoique plus raccourci. On ne feroit que ſuivre un exemple déja donné, & que j'ai commencé à mettre en pratique. Je dois à un véritable ami, à qui j'ai communiqué cet Ouvrage en manuſcrit, une des principales obſervations employées dans ce Traité, & à d'autres amis celles dont on a fait uſage dans le cours de l'impreſſion, & qui ont contribué au bien de l'Ouvrage.

On auroit déſiré pouvoir mettre ce Livre à un prix qui pût lui faciliter de ſe répandre plus commodément parmi les Artiſtes; on a eu de ce côté là tous les égards poſſibles. Cependant les gravures néceſſaires, & la difficulté du travail dans l'impreſſion des Tables de chiffre dont il eſt ſuivi, ſont cauſe qu'on n'a pas pu effectuer toute la bonne volonté que l'on avoit. Si quelqu'un s'en plaignoit, nous le prions de conſidérer la différence qu'il y a entre le prix de France & celui d'Angleterre, où ce Traité ſe vend une guinée, ce qui vaut environ un louis d'or, ou vingt-quatre livres en France. L'Auteur Anglois en donne lui-même les raiſons dans la ſuite de ſon Avis au Lecteur; & pour juſtifier la hauteur de ce prix, il dit qu'il regarde ſon Ouvrage comme un Livre utile ſeulement aux gens de condition, aux gens riches, & à ceux qui ſont le commerce des Diamants; d'où il réſulte que ſa vente eſt bornée à peu de perſonnes.

Nous en avons une toute autre idée, & nous croyons qu'en France il sera utile aux gens de tous états. Aux personnes de distinction, pour connoître le prix de leurs richesses en ce genre, & leur former le gout sur le travail de ces Bijoux, dont la taille portée à sa perfection augmentera sans doute le prix. Aux gens de la profession de cet art, pour acquérir des lumiéres qui pourroient leur manquer, & qui contribueroient à former leur dexterité dans la taille, à accroître par-là leur réputation, & sans doute aussi leur fortune. Aux Compagnons surtout, pour suppléer au défaut des Maîtres. On sait qu'il y en a qui sont avares de leurs instructions, soit qu'ils manquent de facilité à s'expliquer, soit par le motif qui est combattu dans une partie de ce discours. Aux simples curieux, en établissant leurs connoissances sur des principes solides qui leur feront découvrir des perfections qui leur étoient peut-être inconnues; d'où il résultera un plaisir plus vif dans leur satisfaction, & quelquefois même un rehaussement dans le prix de leur Cabinet, en ce que leur gout devenu plus difficile par principes, n'y admettra sans doute que des morceaux finis, & par conséquent de valeur. Aux naturalistes, par celles des observations de ce Livre, qui tiennent à l'Histoire naturelle. Aux Politiques & aux Négociants, par les endroits qui peuvent entrer dans leurs vûes. En un mot, à chacun selon les idées que son état peut lui suggérer à la lecture de ce Livre. Il doit donc être utile à un plus grand nombre de personnes en France, & sa vente en sera plus étendue.

L'Auteur Anglois ajoute encore d'autres raisons particulieres ou personnelles, qui ne sont pas moins solides, selon lui. Elles annoncent toutes un bon Patriote, qui a négligé ses propres intérêts afin de pouvoir être utile à son Pays & à ses Concitoyens. Il falloit bien que le prix du Livre le dédommageât de ses pertes, & le récompensât de ses bonnes intentions. Il finit par s'applaudir de l'avantage qu'il voit que son Livre a procuré peu à peu par le rétablissement de ce commerce, fondé sur la pratique des principes qu'il établit dans son Ouvrage. C'est là sans doute la récompense la plus flatteuse pour un cœur qui nous semble aussi rempli de générosité que le sien, en qui nous ne remarquons d'autre tache que celle de paroître un peu trop mandier la récompense de ses peines, par les raisons qu'il employe pour justifier le prix qu'il donne à son Livre; par ses plaintes sur la dégradation de sa fortune, & par les offres de service qu'il fait pour la rétablir, & qu'il adresse non seulement aux gens de distinction, mais encore aux Négocians. On peut voir toutes ces raisons dans l'Avis qui ſuit, & que l'on a traduit exprès dans ſon entier, afin d'y pouvoir renvoyer le Lecteur.

Voilà tout ce dont il a paru néceſſaire de prévenir le Public. Il reſte ſeulement à lui faire remarquer une faute d'impreſſion qu'il eſt abſolument eſſentiel de corriger avant la lecture de l'Ouvrage : C'eſt à la page 11. ligne 15. où il faut lire *côtes*, & non *côtés*. Quelque précaution que l'on ait priſe pour l'éviter, on ne ſait comment elle a pu échaper. Les autres étant de peu de conſéquence, ſont compriſes dans l'*Errata*. Cet accident eſt abſolument inévitable, ſurtout dans l'impreſſion d'un Ouvrage de la nature de celui-ci, où le travail de la compoſition des Tables de chiffre eſt d'une difficulté qui ne peut être connuë que de ceux qui ont quelqu'habitude de cette mécanique. Je me flatte néanmoins que, malgré ces légers défauts, le Lecteur judicieux remarquera facilement le ſoin que l'on a pris pour donner à ce Livre toute l'exactitude poſſible : ce qui m'engage à finir par témoigner ma ſincere reconnoiſſance à tous ceux qui ont bien voulu, conjointement avec moi, y contribuer, par la reviſion des épreuves corrigées, ou de quelqu'autre maniere que ce ſoit.

AVIS DE L'AUTEUR.

CE Traité ayant été composé pour apprendre au Public la juste valeur des Diamants & des Perles, il est nécessaire de faire connoître les poids dont on se sert à leur égard : on commencera donc par donner en abregé le détail de ces poids, cette connoissance étant très utile pour l'intelligence de ce Traité.

Le poids dont on se sert ordinairement par rapport aux Diamants & aux Perles, approche beaucoup du poids, communément appellé *le poids de Troy* (*a*) : mais il se nomme *poids de Karats.* Il faut environ 150 Karats pour faire une once de ce poids. La division de ses parties est en moitié, en quarts, ou en grains, en huitiémes, en seiziémes, & en trente-deuxiémes.

Les figures des différentes grandeurs que l'on peut donner aux Brillants & aux Roses, & qui sont représentées dans les Planches qui accompagnent ce Traité, feront également connoître le dégré de perfection dont les Diamants sont susceptibles, & les défauts qui peuvent arriver dans l'opération de les tailler. Ces figures seront aussi utiles que l'intelligence des poids, & que l'usage des balances, pour parvenir à une vraie connoissance de leur juste valeur.

Pour prouver la vérité de ce que l'on avance ici, il faut remarquer premierement, qu'il est très fa-

* Le poids de Troy est de douze onces. On s'en sert en Angleterre pour peser l'or. Il a beaucoup de rapport avec celui dont se servent les Orfevres de Paris.

cile de tailler une Pierre, soit un Brillant, ou une Rose, de telle façon qu'elle contienne un quart, ou même un tiers, plus de poids, qu'elle ne devroit avoir. Cette abondance de poids diminue nécessairement la beauté de sa forme, & même fait tort à la vivacité de son Brillant, ou de son jeu, & à son vrai lustre. Mais quand ce surplus de poids sera allié en juste proportion avec celui qu'elle devroit réellement avoir, elle augmentera beaucoup de son prix, au delà de sa juste valeur; ce qui arrivera principalement dans les gros Diamants.

Il sera aisé de reconnoître toutes les Pierres qui contiendront plus de poids que ne demande la forme dont on veut les tailler, en les comparant avec les grandeurs figurées dans les Planches, où l'on représente la véritable étendue des Diamants que l'on estime être bien taillés.

En second lieu, il faut observer que les grandeurs ausquelles on renvoie le Lecteur, feront voir si quelques Pierres ne portent pas autant de poids qu'elles devroient en porter : circonstances très nécessaires à remarquer, parce qu'un dégré de moins que leur vraie substance ne le demande, empêche certainement la vivacité & le vrai lustre qu'elles auroient, si leur poids étoit soigneusement conservé.

Dans ces deux cas, l'on donne dans ce Traité des règles certaines pour savoir combien on doit estimer de telles Pierres; de même que l'on y en trouvera pour estimer celles qui sont bien proportionnées, selon leur eau. En un mot, il y en a pour les Pierres où il se rencontreroit différens dégrés de perfection ou d'imperfection, de quelque grandeur, ou de quelque poids que soient ces Pierres.

J'Espere qu'on ne trouvera point que ce Livre

ſoit d'un trop grand prix, ſi l'on fait attention aux circonſtances ſuivantes.

Premierement, qu'il a été composé pour établir ſur un fondement ſolide la valeur des Diamants & des Perles : avantage très conſidérable, puiſque juſqu'ici cette valeur n'a été déterminée que par fantaiſie & par caprice ; ce qui a fait autant de tort aux Négociants, qu'à ceux qui les ont achetés pour leur uſage.

En ſecond lieu, comme le ſujet dont il traite, n'intéreſſe que les perſonnes riches & de condition, & les gens du métier, pour l'uſage deſquels il eſt fait principalement, la vente n'en doit pas être fort conſidérable : cependant je puis aſſurer que ce qu'il contient, eſt le fruit d'une étude de pluſieurs années, & d'un travail fort difficile, accompagné d'une dépenſe, qui monte beaucoup au-delà de ce qu'on peut imaginer.

On me permettra de faire obſerver ici, que les Tables des prix des Diamants & des Perles, reviennent au même que les poids & les balances, pour parvenir à la connoiſſance de leur juſte valeur ; & afin que les grandeurs des Diamants, qui ſont figurées dans les Planches, fuſſent très juſtes, & qu'on pût s'y fier entierement, je les ai toutes gravées moi-même, n'oſant me repoſer ſur perſonne pour ce travail. Il en eſt de même de quelques autres choſes, dont je ne parlerai point. Tout cela m'ayant extrêmement occupé, & pendant très-longtems, m'a fait négliger mes affaires particulieres : en conſéquence de quoi j'ai laiſſé beaucoup diminuer un bien qui étoit aſſez conſidérable, & que je n'avois pas acquis par le commerce, mais qui m'avoit mis en état d'entreprendre cet Ouvrage ſans aucune vue d'intérêt. Au contraire la ſituation de mes affaires, jointe à mon inclination de servir le Public, m'avoit engagé dans cette entreprise. Je suis très content de voir, que les principes que j'ai établis, commencent déja à opérer : Je vis dans l'espérance qu'ils prendront de plus en plus, & que l'expérience achevera de convaincre de leur utilité. Il y a des personnes qui savent très bien que c'est-là le premier motif qui m'a engagé à publier mon Livre, & que mon dessein étoit de le faire paroître, sans avoir égard au profit que je pouvois en retirer. Je me flatte que ces circonstances serviront à justifier la hauteur de son prix.

Je crois qu'il est présentement de mon devoir de déclarer, que, quelle que soit la connoissance que j'ai acquise en m'appliquant entierement à la matiere dont il s'agit, je m'en servirai fidélement au service de ceux qui voudront bien me faire l'honneur de m'employer dans la Jouaillerie. Je n'ai point fait cette offre dans ma premiere Edition, & je ne l'aurois point faite non plus dans cette seconde, si quelques personnes de distinction, & plusieurs de mes meilleurs amis, ne m'y avoient excité : ils m'ont même depuis peu confié des Ouvrages pour eux. Cela me fait espérer la continuation de leur faveur ; & je me flatte que tous ceux qui employeront mes services, auront tout lieu d'être contens. En parlant ainsi, je ne crains point d'en avoir trop dit.

Cet Avis de l'Auteur est suivi d'une Liste des Souscripteurs pour son Livre. Elle est composée de 208 personnes, de tous états, & de tout sexe, parmi lesquelles on compte celles de la plus grande distinction, qui ont l'honneur de voir à leur tête les Princes de la famille Royale sans y comprendre le Roy d'Angleterre à qui le Livre est dédié. Mais nous avons cru devoir supprimer cette Liste qui n'auroit servi à Paris qu'à augmenter les frais & le Volume en pure perte.

AVIS DE L'ÉDITEUR.

JE ne me suis annoncé dans le Discours préliminaire, que sous le simple Titre d'Editeur de cet Ouvrage : j'ose dire cependant que j'aurois quelque droit d'aspirer même à celui de Traducteur. Le peu de connoissance que j'ai de la Langue Angloise dans laquelle ce Livre est originairement écrit, étant suffisant pour me faire sentir de quelle utilité il pouvoit être au Public, j'ai crû devoir travailler à le lui procurer en notre langue. Pour cela je me suis adressé à des gens, à qui la profession de l'Art dont l'Auteur a traité, de même que la Langue dans laquelle il a écrit, étoient également connuës. Mais le peu d'habitude que ces personnes avoient de la Langue Françoise, n'ayant produit qu'un travail fort imparfait, une traduction trop littérale & informe, j'ai été obligé de la refondre presque en entier pour la rendre supportable. Le travail que j'y ai employé est tel, que sans blesser l'équité & sans en imposer au Public, je pourrois en parler comme de mon propre Ouvrage.

Au reste, dans l'Impression que l'on en donne ici, on a suivi le format de l'Original Anglois, je veux dire, que l'on a choisi l'in-8°. en faveur de ceux qui ayant déja ce Livre en

Anglois, ou voulant ensuite se le procurer, seroient bien aises de le joindre à notre Traduction, & de les faire relier ensemble. Je crois devoir avertir à cette occasion, que ceux qui seront curieux d'avoir ce Livre dans la Langue originale, pourront s'adresser chez les mêmes Libraires ou cette Traduction se débite.

Les Tables pour connoître les prix des Diamants, celui des petites Perles & celui des grosses Perles, selon leur poids, qui sont imprimées dans ce Livre, sont gravées dans l'Edition Angloise. Cette différence en met dans les citations suivantes, qu'il faut rectifier ainsi :

Page 26. *ligne* 25. *au lieu de ces mots*, les Planches XI. XII. XIII. XIV. XV. & XVI. *lisez*, les pag. 83. 84. 85. 86. 87. 88. & 89.

Pag. 48. faites la même application aux deux premieres lignes du Chapitre XVIII.

Pag. 68. *lignes* 12. & 13. Les Planches XVIII. XIX. XX. XXI. XXII. XXIII. & XXIV. *lisez* p. 90. 91. 92. 93. 94. 95. 96. & 97.

Et même page, *lignes* 28 & 29. les Planches XXV. XXVI. XXVII. XXVIII. XXIX. & XXX. *lisez* pag. 98 & suivantes jusqu'à la fin.

Les Relieurs placeront les Figures à la fin, de suite après les Tables de chiffres.

Explication de quelques termes d'Art, employés dans ce Traité (a).

LA *Table* eſt le grand plan, ou la face horizontale, ſur le haut du Brillant.

Les *Bizaux* ſont les côtés ſuperieurs & les coins du Brillant, qui ſe trouvent entre les bords de la table, & la ceinture.

La *Ceinture* eſt la ligne qui environne la Pierre & qui eſt paralléle à l'horizon, ou qui détermine la plus grande étendue horizontale de la Pierre.

Les *Pavillons* ſont les côtés & les coins de deſſous des Brillants, entre la ceinture & la culace.

La *Culace* eſt le petit plan ou la petite face horizontale audeſſous du Brillant.

La *Couronne* eſt l'ouvrage de deſſus d'une Roſe, depuis la pointe qui eſt au ſommet de la Pierre, & comprend toute l'étendue qui eſt bornée par les côtes horizontales.

Les *Facettes* ſont les petites faces ou les petits plans triangulaires, qui s'employent dans la taille, tant des Roſes que des Brillants. Elles ſont de deux ſortes. Les *Facettes de traverſe*, & les *Facettes à*

(*a*) Dans l'Ouvrage Anglois, ces termes ſont rangés par ordre alphabetique. Si l'on eut ſuivi cet ordre dans le François, les articles ne répondroient plus dans leur traduction à ceux de l'Auteur Anglois. D'un autre côté, en ſuivant cet ordre, cela eût mis trop de difference entre les rapports de ces articles les uns avec les autres. Pour éviter cet inconvénient on a cru pouvoir ſe diſpenſer de ſuivre l'ordre alphabetique, eu égard à la brieveté de cette Table. Et l'on a pris le parti de diſpoſer ces termes dans l'ordre progreſſif qui paroît le plus propre à la deſcription des Diamants.

étoiles. Les Facettes de traverſe ſont diviſées en ſuperieures & en inférieures. Les ſupérieures ſont travaillées ſur la partie d'enbas des bizaux, & ſe terminent à la ceinture. Les inferieures ſont travaillées ſur les pavillons, & ſe terminent à la ceinture. Les Facettes à étoiles ſont travaillées ſur la partie d'enhaut des bizaux & ſe terminent à la table.

Les *Lozanges* ſont communs aux Brillants & aux Roſes. Dans les Brillants, ils ſont formés par la rencontre des facettes de traverſe & des facettes à étoiles, ſur les bizaux, & dans les Roſes, par la rencontre des facettes ſur les côtes horizontales de la couronne.

Les *Côtes* ſont les lignes qui diſtinguent les différentes parties de l'ouvrage, tant dans les Brillants que dans les Roſes.

Quoi qu'on ait donné dans les notes l'explication de la livre ſterlin, & du ſchellin, au premier endroit où ces prix ſe ſont rencontrés, on penſe cependant qu'il eſt plus utile de la réunir ici, avant la lecture de l'ouvrage.

La Livre ſterlin d'Angleterre, nommée en Anglois *Pound*, vaut 24 liv. 13 ſols 9 den. de France.

Le Sol ſterlin, ou *Schellin* en Anglois vaut 1 liv. 4 ſols 8 den. $\frac{5}{10}$ de France.

Et le Denier ſterlin, ou *Penis* en Anglois, vaut 2 ſols 0 den. $\frac{2}{3}$ de France.

Le tout ſur le pied de 50 liv. le marc, argent de France.

La Guinée paſſe en Angleterre pour 24 liv. de France. Mais à Paris elle ne vaut que 23 liv. quelques ſols & quelques deniers ſelon que ſon poids eſt plus ou moins fort.

APPROBATION.

J'AY lû par ordre de Monseigneur le Chancelier un Manuscrit intitulé : *Traité des Diamants & des Perles, traduit de l'Anglois de David Jeffries &c.* Un Ouvrage où l'on tache de réduire en principes un art qui ne l'avoit pas encore été, & qui mérite par son importance de l'être, m'a paru digne de l'impression. Fait à Paris ce 4 Novembre 1752.
GUETTARD.

Le Privilege se trouvera dans l'Oryctologie, Ouvrage nouveau de M. Dezallier d'Argenville qui traitera des Pierres, des Minéraux, des Métaux & autres Fossiles, & qui sera orné à l'ordinaire de très-belles figures nouvelles au nombre de 28. Il est actuellement sous presse & se vendra chez les mêmes Libraires. C'est un in-4°. grand papier.

TABLE

TABLE DES CHAPITRES.

ERRATA.

DISCOURS PRÉLIMINAIRE.

Page ij. ligne 20 de la note. *immediatemenc* lisés, immediatement.

Même p. l. 6. de la 2e. note. *qour* lis. pour.

P. iv. l. 5. de la note. *l on* lis. l'on.

P. vii. l. 4. *tour* lis. tout

P. xii. l. 13. *ptocurerons* lis. procurerons.

TRAITÉ &c.

P. 2 l. 2. de la note. *des auteurs.* lis. de l'auteur,

P. 11. l. 15. *côtés* lis. côtes.

P. 13. l. 22. *fa* lis. sa.

P. 21. l. 28. *fig. I. & II.* lis. fig 1. & 2.

P. 27. lignes 14. 15. 16. & 17. *Multipliés ... Donnent .. Qui... Produisent ...* lis. multipliés... donnent .. qui ... produisent.

P. 41. l. 29. *produisissent* lis. produisisent.

P. 49. l. 6. *prouver* lis. trouver.

P. 51. l. 1. *à 3. liv. st. 15. sch.* ce chiffre 15. est mal formé.

P. 65. l. 8. *publia* lis. a établi.

P. 68. l. 22. *nne* lis. une.

TABLE DES CHIFFRES.

Page 85. dans la premiere colonne des prix par livres sterlings & sols, lig. 16. des chiffres 2145 l. st. 2. sch. lisez 2145 l. st. 2 sch. 6. s.

P. 90. dans la derniere col. valeur d'une once &c. lig 4. des chiffres, lis. 12. l. st. 2. sch. 11 s. $\frac{1}{4}$.

P. 95. troisiéme col. valeur de chaque perle &c. lisez ainsi les deux dernieres fractions $\frac{9}{16}$ & $\frac{9}{64}$.

P. 98. deuxiéme col. des poids. Karats. derniere ligne des chiffres, lisez 7 $\frac{5}{8}$.

Même p. derniere col. des prix par l. st. sch. & s. derniere ligne des chiffres, lisez 23 l. st. 5. sch. 1 s. $\frac{1}{2}$.

TRAITÉ

TRAITÉ DES DIAMANTS ET DES PERLES,

Où l'on propose des regles pour la précision de la Taille des Diamants.

CHAPITRE I.

Introduction.

ES Diamants & les Perles étant de tous les bijoux, ceux de la plus grande importance, non-seulement pour l'Angleterre, mais même pour toutes les nations du monde, ils demandent d'autant plus d'égards, qu'ils contribuent beaucoup à la richesse de tous païs, & qu'ils sont

A

les principaux ornements des grands & des personnes de distinction par toute la terre, sur-tout les Diamants, parce qu'ils sont plus beaux & de plus grande valeur. Il y a plus de trente ans que j'en fais un négoce assez considérable, & que je m'occupe de l'art de les tailler. Je me suis appliqué avec beaucoup de soin, pendant la plus grande partie de ce temps, à la recherche des regles certaines, pour connoître la valeur des uns & des autres dans toutes les circonstances, quels que soient leurs poids ou leurs grandeurs, & pour apprendre à tailler & former les Diamants au plus haut degré de perfection. Comme je crois avoir entierement réussi, j'ai mis au jour, pour l'avantage du Commerce & pour celui du Public (*a*), ce Traité, qui contient des moyens par lesquels les curieux pourront parvenir à une vraie connoissance de cette matiere, particulierement pour les Diamants, depuis ceux qui pesent un karat, jusqu'à ceux qui pesent cent karats.

Les Planches où sont figurées les grandeurs des Diamants, & les Tables où leur prix est calculé, ne sont pareillement faites que pour les Diamants & pour les Perles, depuis un jusqu'à cent karats de poids; mais il seroit possible de les calculer à l'infini; & les mêmes regles se trouveroient bonnes, quand même un Diamant peseroit autant que celui du Gouverneur *Pitt*, qui a été acheté par M. le Duc d'Orleans Régent, pour Sa Majesté Louis XV. Roi de France, & qui pese 136 karats $\frac{3}{4}$, ou que trois

(*a*) Je ne crois point que la précaution prise dans le Discours préliminaire contre la prévention des Auteurs, doive tomber sur la confiance avec laquelle celui-ci s'exprime dans cet endroit, & quelques lignes plus bas. Tout Auteur qui se produit au grand jour de l'Impression, croit avoir réussi. C'est aux Lecteurs à décider par de judicieuses observations, du sort de son Livre.

autres dont parle M. Tavernier dans la seconde partie de son Voyage, à la pag. 148 de la Traduction Angloise; savoir, celui du Grand-Duc de Toscane, qui pese 139 Karats $\frac{1}{2}$, celui qui est encore entre les mains d'un Marchand, qui pese 242 Karats $\frac{5}{16}$, & celui du Grand-Mogol, qui pese 279 Karats $\frac{9}{16}$.

Si ce que j'avance dans ce Traité se trouve vrai, il servira à confondre l'idée qu'on a eu jusqu'ici, qu'il y a des Diamants & des Perles qui sont inestimables par rapport à leur grandeur extraordinaire, & qu'il n'y a aucune méthode pour en connoître la juste valeur: la preuve que je donne du contraire, contribuera beaucoup à la perfection de la taille des Diamants, & à mettre cet art en plus grande considération.

CHAPITRE II.

Comment les Diamants sont produits. Principes pour les évaluer.

PAR les observations suivantes on comprendra facilement qu'il est possible de donner des regles pour la juste évaluation des Diamants, selon leur accroissement en grandeur & en poids. La nature ayant produit dans les siécles passés, comme dans celui-ci, un très-grand nombre de petits Diamants, & proportionnellement une plus petite quantité de gros, qui ont également les mêmes propriétés, & qui sont sujets aux mêmes perfections ou imperfections, je trouve que c'est un principe suffisant pour pouvoir donner des regles pour les évaluer, à proportion de leurs grandeurs & de

A ij

leurs poids, comme il sera démontré par la suite; & si l'usage & l'application que je ferai de ces regles, se trouvent conformes à la production de la nature, il s'ensuivra que rien ne pourra jamais les abolir. Ainsi, s'il se trouve quelque Diamant qui porte plus ou moins de poids, que la nature ne leur en donne pour l'ordinaire dans leur production, l'imposition du prix qui y sera mis, doit être regardée alors comme occasionnelle, & non comme le juste prix qu'il doive réellement valoir, & l'on doit s'en accommoder comme telle. C'est le cas où l'on se trouve à présent, par le débit extraordinaire que l'on fait de petits Diamants, pour les parures que l'on employe aujourd'hui. Or, comme le prix de ces petits Diamants sera toujours incertain par rapport aux changements des modes, je ne m'arrêterai point dans ce Traité sur ceux qui seront au-dessous du poids d'un karat.

On peut observer que la valeur des Diamants bruts, depuis deux à trois karats de poids, & celle des Diamants polis, du poids d'un à un karat & demi, ne se rapporte point avec les régles données ci-après; les prix étant à présent au-dessous de ce qui est établi par ces régles; ce qui est reconnu, & ce qui demeurera en cet état, tant que le Public sera d'humeur de faire occuper les places de tels Diamants, par la chetive coutume de sertir de petites pierres en pelotons, pour avoir une brillante apparence à moins de frais; ce qui fait que les Diamants de cette grandeur sont moins estimés qu'ils ne l'étoient anciennement, & deviennent à meilleur compte, quoique la nature soit toujours la même dans sa production. Delà il s'ensuit que leur valeur est diminuée; ainsi le prix de telles pierres doit être consideré dans ce cas-là comme occasionnel, & non comme leur juste valeur.

Les regles n'en sont pourtant pas moins justes, ni moins conformes à la nature de ces pierres ; ainsi l'on peut en toute sureté les offrir, pour aider à parvenir à une vraie connoissance de la valeur des Diamants d'un prix plus élevé que ceux qui sont sujets à varier de prix par le changement des modes dans la Jouaillerie.

Le principe ou la regle est, que l'accroissement proportionnel de la valeur des Diamants, est comme le quarré de leur poids, soit qu'ils soient bruts ou taillés.

Ce principe se comprendra mieux par une explication qui puisse lui servir en même temps de preuve. Pour cet effet, prenons d'abord un Diamant brut. Il est nécessaire de poser un prix en général. Supposons-le de deux livres sterlings (*a*) par K. Etendons ce prix à toute espece, bonne & mauvaise, qui vale cependant la dépense de la tailler.

Joignons un exemple à cette explication. On veut savoir la valeur d'un Diamant brut de 2 K. à 2 liv. st. par K. La régle est de multiplier premierement 2 par 2, qui font 4, ou le quarré de son poids. Ensuite multipliez 4 par 2, cela donnera 8 liv. st. qui seront la vraie valeur d'un Diamant brut de 2 K.

Mais pour appliquer cette regle au Diamant fa-

(*a*) Deux livres sterlings valent environ 48 livres de France. Je prens occasion de cette Note pour avertir que dans la suite de ce Traité l'on ne distinguera les mots de *livres sterlings* que par ces lettres abregées *l. st.* & le mot *karat* ou de *karats* par la seule lettre *K*. On a pris ce parti afin d'éviter la répétition trop frequente, mais absolument nécessaire, des mêmes mots, & pour abréger l'impression, & diminuer le volume de l'ouvrage.

briqué, c'est-à-dire taillé, il est nécessaire de connoître la perte que la taille occasionne sur son poids, & je peux assurer comme une chose certaine, que la diminution du poids sera de moitié. Par conséquent, pour rendre la regle de la même utilité à l'égard d'un Diamant taillé, il sera nécessaire de doubler son poids après la taille; par ce moyen on aura la valeur d'un Diamant taillé. On doit entendre la perte de son poids, relativement à la maniere ordinaire de tailler de la façon la plus parfaite les Brillants & les Roses.

C'est pour cet effet que j'établis des regles que l'on peut généralement pratiquer dans toutes les fabriques (*a*). Si l'on s'y conforme, elles produiront des Diamants d'une plus grande perfection, & leur conserveront plus de poids qu'aucune méthode employée jusqu'à présent.

(*a*) C'est-à-dire dans tous les pays & dans tous les endroits où l'on travaille à la taille des Diamants. Ayant trouvé dans cette Traduction le terme de *fabrique* employé très-souvent pour signifier la taille des Diamants, comme *fabriquer* une pierre, pour dire *la tailler*, & *Diamant fabriqué* au lieu de *Diamant taillé*, j'ai hésité de l'employer, & j'ai crû devoir consulter à ce sujet d'habiles Artistes sur cette matiere. J'ai trouvé les sentiments partagés. Mais ceux qui m'ont dit que l'une & l'autre façon de parler s'employoit également, sont convenus en même temps, qu'en France on disoit plus communément *tailler*, & *la taille*; au lieu qu'en Angleterre on employoit plus volontiers les termes de cette langue qui répondent à ceux de *fabrique* & de *fabriquer*. Ainsi j'ai crû pouvoir employer également les uns & les autres. Cependant pour me conformer à l'usage de France, je me sers plus communément des mots de *tailler* & de *la taille* des Diamants; je n'ai employé les autres que pour mettre plus de variété dans la traduction, & surtout dans les endroits où leur répétition devient fréquente. Au reste on conçoit par cette note, qu'on peut fort bien dire *tenir une fabrique de Diamants*, pour dire ne s'occuper que de la maniére de les tailler, & faire un négoce particulier de

CHAPITRE III.

Des Brillants, & de la maniere de les tailler.

IL faut donner le premier rang au *Brillant*; & je choisis un Brillant quarré, pour servir de regle fondamentale à la pratique de la taille. La nature le produit pour l'ordinaire de forme quarrée, de même qu'elle produit les pierres qui paroissent de six pointes, en plus grande quantité qu'elle n'en produit d'aucune autre forme. Mais l'épaisseur ou la substance, & la maniere de ménager cette substance, qui est nécessaire pour rendre un Brillant quarré, parfait dans sa taille, sont les mêmes que celles qu'il convient d'employer pour toute autre forme que ce soit; & l'expérience prouvera, que toute autre substance ou épaisseur, & toute autre proportion donnée à leur taille, nuiroient à la beauté de leur forme & à la vivacité de leur lustre, quand on viendroit à les comparer avec ceux qui seroient conformes aux regles suivantes.

Il faut préalablement expliquer la forme d'un Diamant brut à 6 pointes, parceque sa figure n'est pas ordinairement bien connuë. Il est composé de deux piramides quarrées, qui se trouvent jointes par leur base, & qui forment un quarré bien proportionné. Sa figure entiere est composée de huit faces

cette opération; & même qu'il n'y auroit point d'autre façon de s'exprimer que de dire une *manufacture* de Diamants pour désigner un attelier où l'on ne s'emploiroit qu'à tailler des Diamants. C'est le sentiment des Artistes que je viens de citer.

triangulaires, mais plattes, qui sont rangées quatre au dessus & quatre au dessous de la base, & qui forment deux pointes, l'une dessus & l'autre dessous, qui se terminent aux poles de l'axe ou de la ligne qui passe par le centre de la Pierre de haut en bas. On trouve des Pierres qui approchent beaucoup de cette figure. Pour faire un Brillant parfait d'une telle Pierre, si elle n'étoit pas exactement configurée, il faut que l'art y ajoute ce que la nature lui a refusé

La premiere chose qu'il faut faire, c'est de réduire cette partie qui represente la base des deux piramides, en un quarré bien égal, ce qui forme ce qu'on appelle la *Ceinture* de la Pierre. Ensuite il faut travailler depuis le quarré de la ceinture, ce qui formera les deux pointes de l'axe. Si cela est bien executé, la longueur de l'axe de point en point sera égale à la largeur du quarré d'un côté à l'autre côté. On trouvera la figure d'une telle pierre dans la planche I. N°. 1.

Il faut ensuite former la *Table* & la *Culace*, & pour cet effet il faut diviser le bloc en 18 parties, de haut en bas; ôtez $\frac{5}{18}$ de la partie supérieure, & $\frac{1}{18}$ de la partie inférieure, cela donne à la partie superieure $\frac{4}{18}$ au dessus de la ceinture qui est $\frac{1}{3}$ de la substance qui reste, & à la partie inférieure ou côté de la Culace $\frac{8}{18}$ ou $\frac{2}{3}$, de sorte qu'il ne reste en profondeur que 12 parties des premieres 18. Ainsi se forment la Table & la Culace, qui se trouveront avoir cette proportion, savoir que la Culace aura la cinquiéme partie de la largeur de la Table. Dans cet état ce se[illegible] un parfait Diamant quarré.

Ses differentes parties sont démontrées par les lettres *a. b. c. d. e.* (figure 2 Pl. I.) *a.* démontre ce qui est communément appellé *la Table*, qui est un plan horisontal au dessus; *b.* les *Bizaux*; *c.* la

Ceinture ou la partie qui montre toute l'étendue de la Pierre ; *d.* les *Pavillons* ; *e.* la *Culace*, qui est un petit plan horisontal au fond : les lignes piquées au dessus de la Table, & celles au dessous de la Culace, montrent ce que l'on a ôté de la Pierre en la taillant. On voit une figure de cette Pierre dans la planche I. N°. 2.

Il faut remarquer que cette façon de tailler est en usage depuis fort longtemps ; & que la taille en Brillant n'a été découverte que dans le dernier siécle. Ce que l'on apprendra aisément, si l'on veut se donner la peine de s'en informer. Mais comme cela n'est pas essentiel à mon entreprise (que je veux poursuivre avec toute la briéveté, possible), je ne m'arrêterai pas à un récit qui n'est qu'historique.

Ayant démontré ce qui fait le fond d'un Brillant de forme quarrée, il faut, pour le rendre parfait, racourcir chaque coin de $\frac{1}{10}$ de sa diagonale ; & alors les côtés des coins de la partie superieure doivent être rabatus, ou taillés vers le centre de la Table de $\frac{1}{6}$ plus en petit que les côtés ; & la partie inférieure qui se termine à la ceinture, doit faire $\frac{1}{8}$ moins des côtés de la ceinture. Chaque côté des coins de la partie inférieure doit être rabatu du haut, pour répondre à ladite taille de la ceinture, & au fond, $\frac{1}{4}$ de chaque côté de la culace. La figure d'une telle Pierre se trouvera représentée dans la Planche I. N°. 3.

Les parties de l'ouvrage qui le rendent un Brillant complet sont appellées *Facettes de Traverse*, & *Facettes à étoile*, & sont d'une forme triangulaire. Celles qui joignent la Table sont les Facettes à étoile ; & celles qui tiennent à la ceinture, sont les Facettes de traverse. Ces parties partagent également la profondeur des côtés superieurs depuis la Table jusqu'à la Ceinture, & se rencontrent dans le milieu de chaque côté de la Table & de la Ceinture, comme elles font aux coins. Ainſi elles forment des *Lozanges* réguliers ſur chacun des quatre côtés, & des coins de la Pierre. Les Facettes triangulaires qui ſont ſur la partie inférieure de la Pierre, & qui joignent la Ceinture, doivent être de la moitié plus étendues que les Facettes de deſſus, pour répondre à la partie du Bizau; c'eſt-à-dire dans la même proportion de 2. à 3. La figure d'un Brillant parfait eſt deſſinée dans la Planche I. N°. 4.

Au deſſous des Figures dont je viens de parler, ſe trouvent dans la méme planche quatre autres Brillants parfaits, repréſentés horizontalement par des Figures répétées. Ils pezent 36 K. chacun. La figure N°. 5. eſt un Brillant de forme quarrée; celle du N°. 6. un de forme ronde; le Brillant de la figure N°. 7. forme une Ovale; celui N°. 8. une Poire. Les figures qui ſont du côté gauche, font voir les parties ſupérieures. Celles du côté droit repréſentent les inférieures, que l'on ſuppoſe être ſéparées à l'endroit de la Ceinture. Elles ſont ainſi partagées dans cette répréſentation pour mieux faire voir l'ouvrage qu'il y a à les tailler, & de quelle façon il doit être fait: ces figures montrent auſſi la grandeur, & l'étendue de ces Pierres, & celle de leurs Tables & de leurs Culaces.

Remarque. Les profondeurs perpendiculaires de la Table à la Culace ſont repréſentées par la longueur des *Barres* que l'on voit au deſſous de chacune des figures repetées. L'octogone, dans le milieu de la figure à gauche N°. 5. c'eſt la Table, qui eſt le plan, ou la ſurface horiſontale ſur le haut, & qui eſt marqué par la lettre *a*. Les Facettes triangulaires qui joignent la Table, ſont les Facettes à étoiles, & ſont connues par la lettre *b*. Celles qui joignent aux extremités ſont les Facettes de traverſe,

& sont marquées par la lettre *c*. Celles qui se rencontrent dans le milieu des parties superieures & aux coins de la pierre, forment les Lozanges & sont désignées par la lettre *d*. Les lignes aux extremités des deux figures, sont la Ceinture, & sont marquées par la lettre *e*. Les Facettes Triangulaires qui joignent les lignes tracées aux extrémités de la figure à droite, sont les Facettes de Traverse du dessous, & sont notées par la lettre *f*. La lettre *g*. montre les côtés de la partie de la Pierre en dessous. L'octogone dans le milieu de la Culace, qui est marqué par la lettre *h*, est un plan ou face horisontale au fond de la pierre. Cette figure sert d'explication pour les trois autres. Toutes lignes au dedans des extrêmités sont appellées *côtés* en parlant des Diamants. On trouvera ces figures accompagnées de leur explication, fort utiles pour donner une juste idée d'un Brillant. Dans la planche VI. est la figure d'un instrument qui est très-commode pour examiner les grandeurs & les profondeurs des Diamants. Il s'appelle un *outil à épreuve*.

CHAPITRE IV.

De la grandeur & de l'étendue des Brillants.

Dans les planches II. III. IV. V. on trouvera une liste de 55. Brillants quarrés, pesants depuis un K. jusqu'à cent. Ils sont rangés en ordre progressif selon leur accroissement en poids & en grandeur; ce qui servira d'autant de preuves pour démontrer les avantages ou les défauts qui arrivent fréquemment dans la taille des Brillants. La longueur des barres qui sont au dessous des figures, montre les profondeurs, c'est-à-dire l'épaisseur des Pierres ; & les grandeurs des culaces sont démontrées par les figures octogones qui sont au dessous des barres, pour pouvoir plus distinctement connoître leurs differentes parties. Les chiffres placés à la gauche de chaque figure, sont leur N°. ceux à droite signifient leur poids.

La raison pourquoi les grandeurs croissent de si peu, est la crainte que l'on a que la trop grande précipitation ne conduise à un discernement trop peu précautionné. Par ce moyen il feroit plus difficile d'ajuster les dégrés de la difference de l'une à l'autre grandeur. Une autre raison aussi essentielle, c'est que d'autres pierres different des Brillants, dans la table, dans la ceinture, & à la culace ; ce qui augmente en quelque façon la difficulté de déterminer avec exactitude la difference des grandeurs ; l'usage des grandeurs étant pour découvrir les défauts grossiers, & pour empêcher la continuation d'une mauvaise taille (*a*), que depuis quelque temps, l'on n'a que trop employée, au grand désavantage du commerce, ce qui a beaucoup aussi trompé le public. On peut dire, sans trop avancer, au sujet des petites pierres (c'est-à-dire de celles qui ne pesent pas un K.), que dans le général elles sont si mal taillées, que toutes leur beauté est entiérement perdue ; qu'elles manquent de leur véritable étendue ; qu'elles prennent un quart ou même un tiers moins de place dans une piéce de jouaillerie, que ne feroit une pierre bien taillée ; & que par conséquent elles ne paroissent pas tant : & comme elles contiennent un quart plus de poids que des pierres bien faites qui seroient de la même étenduë, & qu'elles sont taillées pour un tiers moins, ou même pour moitié de prix que les bons Brillants ; le marchand peut les

(*a*) L'Auteur ne parle ici que de l'Angleterre.

donner à 30. pour 100. de moins, que celles qui sont bien faites.

Cette vérité sera démontrée dans la suite par les recherches & les observations que l'on fera.

CHAPITRE V.

De l'utilité des grandeurs données à l'égard des Brillants, pour connoître ceux qui sont mal taillés.

IL est à propos de faire voir ici, combien cette mauvaise maniére de tailler, peut avilir les gros Diamants : & qu'elle trompe également l'acheteur & le vendeur. Pour cet effet, je montrerai que les grandeurs que j'ai déterminées pour la taille des Brillants, sont d'une grande utilité pour connoître ceux qui sont bien ou mal formés.

Par exemple, supposons 2. Pierres, pesant chacune 6 K. l'une bien faite, & l'autre mal faite; la premiere quadrera parfaitement avec celle pesant de même 6 K. & dont la figure est donnée au N°. 20. planche II. & la seconde peut être chargée de substance informe, & par ce moyen ne passera point, après sa taille, une pierre de 4 à 5 K. Si quelque Brillant est ainsi conformé, on doit l'évaluer selon qu'il s'accordera avec un de même étendue en substance, qui se trouvera dans la liste; en déduisant ce qu'il en couteroit pour le remettre en bon état; parceque, telle que soit la substance ou le poids qu'il porte au delà de ce que son étendue demande, cette abondance détruit dans la même proportion la beauté de sa forme, sa vivacité, & son vrai lustre. Et

l'on peut voir ainſi la différence que cela peut cauſer à un acheteur, qui pourroit être perſuadé de donner la valeur d'une pierre bien faite, de 6 K. pour une dont l'étendue ne paſſe point celle d'une pierre de 4 ou 5 K. Par exemple, une pierre de 6 K. par la regle que j'ai établie ci-devant, vaut. . 288 liv.
Une de 5. 200
Une de 4. 128
Si donc la différence eſt auſſi grande que je viens de le démontrer, combien doit-elle l'être davantage à l'égard des pierres d'un plus grand poids? Et comme l'on peut aiſément connoître cela par la même méthode, je ne m'arrêterai point à en donner d'autres preuves.

Puiſqu'il peut naître un ſi grand abus de la mauvaiſe taille des Diamants, il eſt donc évident que les grandeurs propoſées, ſont d'une utilité très-avantageuſe pour les connoître. Or, comme la vraie connoiſſance de la bonne forme des Diamants ſera très-néceſſaire en toutes circonſtances pour parvenir à leur juſte valeur, il faut faire quelques remarques qui apprennent aux Lecteurs la maniere de connoître les défauts des Brillants mal conformés.

A cet effet, je donne pour exemple une pierre peſant 6 K, qui n'a que l'étendue d'une qui en peſe 5; elle aura plus ou moins les défauts ſuivants. Elle ſera plus épaiſſe qu'une pierre de 6 K; ou bien ſa table & ſa culace ſeront plus grandes, ce qui la rendra d'une forme lourde & groſſiere, parce que les côtés ſeront trop droits; ou bien elle aura trop d'épaiſſeur à la ceinture, avant que le petit ouvrage ſoit fait, c'eſt-à-dire, les facettes de traverſe, & les facettes à étoile. Mais ſi cette épaiſſeur eſt ſuffiſamment réduite pour que l'on puiſſe la ſertir ſans danger, les facettes de traverſe ſeront exécutées d'une maniere obtuse, ce qui causera une espece d'enflure à la pierre; & après tout cela elle peut encore être trop épaisse de la ceinture. Il est inévitable qu'une telle pierre ne soit privée de toute sa vivacité, & que cela ne lui donne un air de lourdeur, à quoi l'on ne sauroit apporter aucun remede, sans lui ôter le poids qu'elle a de trop, ce qui réduira ce Brillant à 5 K; ainsi on ne doit l'estimer que selon ce poids. Et si une pierre de 6 K. se rapporte à une de 4, ces défauts seront sans doute plus grands, & lui porteront plus grand préjudice. Par conséquent, si, manque de la connoissance que je viens de donner dans ce Chapitre, on payoit selon le poids, on acheteroit une chose difforme au même prix qu'on payeroit une pierre qui auroit les qualités requises pour être réputée belle.

CHAPITRE VI.

De la méthode usitée dans la maniere de tailler & d'estimer des Brillants.

APRÈ'S ce que je viens de dire dans le Chapitre précédent, il est inutile d'en ajouter davantage sur l'article des Brillants qui sont bien conditionnés, & de ceux qui portent trop de poids. Ce qui demande à présent notre attention, c'est de considérer la méthode ordinaire de travailler & d'estimer des Brillants. Pour ce qui est de la méthode employée à les tailler, voici ce que j'en pense. Pour y réussir de la maniere la plus parfaite, ils doivent être en proportion avec ceux qui sont bien conditionnés, d'un tiers au-dessus, ou du côté de la table; & de deux tiers au-dessous, ou du côté de la culace ; &, quel que soit le diametre de leur table, il faut que leur culace en ait un cinquiéme. Le reste de l'ouvrage doit être fait de la même maniere que dans ceux qui sont bien conditionnés. Voilà tout ce qu'il est nécessaire de remarquer à l'égard de leur taille. Mais quant à la méthode de les évaluer, il faut préalablement faire l'observation suivante, savoir, que de même qu'on a donné des raisons suffisantes pour prouver que le trop de poids fait tort à la forme & à la beauté des Brillants, il faut encore faire voir, que s'ils ne portent point autant de poids & de substance qu'il est nécessaire qu'ils en aient pour leur perfection, leur forme & leur beauté seront perdues. En réfléchissant sur les conséquences qui résultent de les rendre bien minces ou bien étendus, ce que l'on fait fréquemment à un tel excès, que l'on ne les peut pas mettre en œuvre ; on trouve qu'il faut nécessairement qu'en ce cas-là l'ouvrage soit trop plat, ce qui leur donne un air amorti & languissant, & leur ôte, en un mot, le lustre, de façon qu'elles ne méritent que peu d'estime. Cependant on trouvera qu'anciennement, au lieu d'évaluer le poids de tels Diamants à un prix plus bas pour cette raison, ils n'en étoient au contraire que plus estimés, seulement par la raison qu'ils jettent un grand éclat. Mais il faut ajouter que de telles pierres sont plus sujettes à être cassées ou éclatées par des coups, par des chutes, ou par d'autres accidents, que ne le seroient des pierres bien proportionnées.

Il est nécessaire d'expliquer en quoi consiste cet excès, parce qu'il faut avouer qu'il y a des pierres ainsi formées par la nature, & qu'il est impossible, tel grand artiste qu'on soit, d'en faire autre chose que des Brillants répandus, c'est-à-dire étendus, sans un trop grand déchet du Diamant. Ainsi l'on peut

peut donner pour régle, & entendre par le mot d'*excès*, tous Brillants dont l'étendue est plus grande que celle d'un Brillant bien proportionné, & qui pese le double; alors ils ne doivent être estimés que selon ce qu'ils peseroient s'ils étoient bien proportionnés.

Il reste à montrer de quelle maniere on doit évaluer des pierres étendues. Cette maniere est la même que celle des pierres qui sont bien proportionnées, quand d'ailleurs elles sont égales entr'elles en toute autre circonstance, & l'on doit ainsi les évaluer par rapport à leur grande étendue; car il faut avouer que cet éminent dégré d'apparence contrebalance le défaut de lustre, qui provient du trop peu de substance.

Voila tout ce que l'on peut dire en leur faveur, de la maniere de les évaluer : ce qui montre plus de partialité que de mépris, surtout à l'avantage des Brillants de la plus grande étendue, selon les mesures dont j'ai fait mention; si l'on considere que des pierres bien proportionnées & d'une bonne substance, ont tous les avantages que la nature & l'art peuvent leur donner.

CHAPITRE VII.

Des Roses.

IL faut observer que rien ne peut mieux soutenir l'estime que l'on a pour les Roses, que de continuer à employer la véritable maniere de les tailler. Aussi il n'a jamais été plus à propos de l'estimer qu'à présent, par rapport au gout corrompu qui regne depuis quelque tems (a), de convertir

(a) C'est toujours de l'Angleterre dont l'Auteur parle.

des Roſes en Brillants, ſous prétexte d'en faire un bijou plus beau & de plus haut prix ; ce qui arrive fort fréquemment, au grand préjudice de leur valeur, en diminuant le poids & l'étendue qu'elles avoient dans leur premier état ; elles ſont alors moins judicieuſement taillées dans leur nouvelle eſpèce, qu'elles ne l'étoient auparavant. Il paroît que cela eſt très-commun : car on voit de telles pierres, qui dans la partie ſupérieure n'ont pas leurs vraies proportions par rapport à leur ſubſtance ; ce qui rend cette partie trop plate, & la table d'une grandeur immoderée, ainſi que l'ouvrage des côtés, ou les bizaux, qui ne paroiſſent que comme une bordure étroite. L'on a introduit cette maniere de tailler, pour ſauver le poids & l'étendue des pierres, qui ſeroient ſans doute beaucoup diminuées ſi on leur donnoit leur juſte proportion. Cependant cette perte de poids & d'étendue eſt abſolument néceſſaire pour rendre de telles pierres des Brillants étendus complets, car on ne ſauroit les tailler autrement.

CHAPITRE VIII.

De la difficulté de convertir en Brillants, des Roſes bien taillées.

DE ce que l'on vient de dire, il paroîtra qu'il n'y a que des Roſes qui portent plus de poids qu'elles ne doivent, qui ſoient propres à faire des Brillants ; & les ſeules qui méritent cette métamorphoſe, ſont celles qui ont la baſe ou la ceinture trop épaiſſe.

On connoîtra l'excès du poids par les grandeurs dont on fera mention ci-après.

C'eſt une méthode qui n'eſt nullement fondée ſur la raiſon, que de vouloir convertir en Brillant une Roſe qui ne ſeroit pas conditionnée comme on vient de dire. Il ſemble que par cette conduite on a deſſein de décréditer l'ancienne & grande maniere de tailler les Diamants, pour faire valoir à ſa place une nouvelle maniere beaucoup au-delà de ce qu'elle mérite : car on verra qu'une Roſe complete ſera plus étendue qu'un Brillant complet qui ſeroit de même poids. Il en ſera de même à proportion à l'égard des pierres qu'on appelle étendues ou ordinaires : or, comme on a montré que l'accroiſſement en étendue eſt ſubſtitué à la place de la profondeur ou de la ſubſtance dans le Brillant, on doit dire la même choſe des Roſes, pourveu que leur étendue ne ſurpaſſe pas les bornes preſcrites dans le cas des Brillants étendus.

Et ſi l'on admet, comme pluſieurs l'ont avancé, que les Brillants ont plus de mérite, qu'elle en ſera la conſéquence ? Il en arrivera que les Roſes diminueront de prix, au grand déſavantage des plus nobles & des plus anciennes familles qui en poſſedent quantité, comme étant des Joyaux plus anciens que les Brillants. Mais au contraire, quand les Roſes ſont bien faites, elles ne ſont point du tout inférieures aux Brillants, toutes circonſtances bien conſidérées.

CHAPITRE IX.

De la forme des Roses.

COMMENÇONS ce Chapitre par quelques observations sur la forme des Roses. Il faut croire qu'elles ont pris leur nom de leur figure, qui ressemble en quelque façon à un bouton de rose avant que ses feuilles s'épanouissent : car cette figure est une espèce de demi-globe, excepté qu'elle se termine en pointe sur le haut. Elle est travaillée de telle façon, que ses facettes couvrent la surface entiere de la pierre ; & se trouvant plus égales, elles ont plus de vivacité, & donnent une beauté à la Rose que n'a point le Brillant, dont le lustre ne provient que des angles ou des facettes qui sont sur les côtés. Et comme les angles des Roses sont plus grands que ceux des Brillants, ils jettent une plus grande quantité de rayons, dont l'éclat est équivalent à la vigueur étincelante des angles plus petits & plus nombreux d'un brillant.

Après avoir fait voir la nécessité de conserver la méthode qui donne le plus de dignité à la taille des Roses, il faut ensuite démontrer la maniere de les tailler. Il est dabord nécessaire de dire ce qui est requis pour former une Rose parfaite. On trouve qu'une pierre de figure ronde ou circulaire y est la plus propre ; parceque sa forme est la plus belle, & produit plus d'effet qu'aucune autre forme ; que ses facettes sont plus égales, & ont plus de rapport entr'elles, que celles de toutes les autres pierres taillées ; & encore par la raison suivante, savoir que la même substance & la même proportion qui les rend parfaites, rendra des pierres de toute autre forme, aussi belles qu'il est possible de les rendre. On verra dans les Chapitres suivans, quelle est la quantité de substance, la justesse de la proportion, & la meilleure maniere, qui conviennent pour tailler parfaitement une Rose de figure circulaire.

CHAPITRE X.

De la taille des Roses.

LA hauteur de la pierre, de la base à la pointe, doit être la moitié de la largeur du diametre de la base de la pierre; le diametre de la couronne doit être $\frac{3}{5}$ du diametre de la base; & la perpendiculaire, de la base à la couronne, doit être $\frac{3}{5}$ de la hauteur de la pierre. Alors les lozanges qui sont sur toutes les Roses de forme circulaire, seront également divisées par les côtes qui forment la couronne; les angles supérieurs, ou les facettes, se termineront à l'extremité de la pointe; & les inférieurs, à la base ou ceinture.

Dans la Planche VI. il y a quatre figures de Roses, taillées selon les regles dont on vient de parler. La premiere est celle d'une Rose de forme circulaire, vûe de côté. La seconde est la même pierre, vûe horisontalement. La troisiéme représente une Rose de forme ovale. La quatriéme, une en forme de poire. Leurs differentes parties sont expliquées dans les figures I. & II. Dans la figure I. *a* est la pointe; *b* la couronne; *c* la ceinture. Les triangles, ou facettes superieures, montrent la moitié de l'ouvrage de la couronne; & les triangles inférieurs, la moitié des côtés. Dans la seconde figure, l'intersection commune des six lignes qui traversent, & qui se rencontrent dans le centre de la figure, en est la pointe : les lignes qui forment l'exagone, & les triangles qu'elles renferment, composent la couronne : les triangles au dehors de l'exagone composent les côtés : les lignes qui sont à l'extremité de la figure, forment la ceinture de la pierre. Toutes les lignes dans les figures qui representent des pierres précieuses, sont appellées *côtes*, en parlant de Diamants, à l'exception de celles qui marquent la ceinture. Ces figures representent des Roses de 36 K. & peuvent être utiles à perpétuité, pour donner une véritable idée de leur bonne forme, & de leur taille.

CHAPITRE XI.

Des grandeurs données pour les Roses ; & de leur utilité pour découvrir celles qui sont mal formées.

DANS les planches qui suivent celles dont il est parlé dans le Chapitre précédent, & qui sont numerotées VII. VIII. IX. & X. est une liste de 55 figures de Roses de forme circulaire, depuis le poids d'un K. jusqu'à 100, qui sont autant de preuves pour montrer le bon état & les défauts des pierres taillées de cette sorte. Il en est de leur utilité comme de celle des Brillants, pour faire voir quand une Rose est bien ou mal faite. Par exemple, supposons une Rose de 5 K. si elle est bien faite, elle aura la même étendue que celle du N°. 18. de 5. K. & la grandeur de sa couronne quadrera aussi avec la même figure : sa hauteur ou profondeur sera pareillement de la moitié de son Diametre, ou de sa largeur. Mais si cette Rose est mal faite, & qu'elle ait trop de substance, son étendue à la base ne doit point passer celle d'une Rose de 3 à 4 K. Une telle pierre, selon les dégrés qui lui manquent de sa grandeur, aura plus ou moins quelques uns des défauts suivans. Ou sa hauteur, de la base à la pointe, surpassera la regle : ou si elle a sa juste hauteur, ses côtés, au dessous de la couronne, pourront être trop droits, ce qui se connoîtra par la trop grande étendue de la couronne; d'où il arrivera que cette partie, de la couronne à la pointe, sera trop plate : ou bien la couronne peut être placée trop haute; dans ce cas elle pourra bien avoir sa juste étendue, mais alors elle sera trop plate & donnera trop de hauteur ou de profondeur à la partie de dessous : ou enfin la ceinture peut être [illegible] épaisse. Si quelque Rose est ainsi faite, [illegible] fautive dans la forme, dans sa vivacité, & [illegible] lustre, selon les dégrés d'imperfection qu'el[illegible] Alors l'on ne doit pas l'estimer par son poids, [illegible] seulement autant qu'elle quadrera avec quelqu[illegible] de la liste; & cela par les mêmes raisons qu'[illegible] donné pour les Brillants.

CHAPITRE XII.

De la méthode commune de tailler & d'évaluer les Roses.

IL reste à considérer la méthode com[illegible] & d'évaluer des Roses. Pour ce[illegible] façon, il est essentiel de remarquer, qu[illegible] leur couronne ait une telle étendue & soit tellement placée, qu'elle ne soit point trop plate, mais qu'elle soit proportionnée, afin d'éviter une division inégale des lozanges; & que la ceinture soit aussi mince qu'il est possible, pour que l'on puisse les sertir avec sureté. Voilà tout ce qu'il est nécessaire d'observer à leur égard. Pour les évaluer, il faut garder dans toutes les circonstances les mêmes regles employées pour les Brillants.

Remarque. Cet article de la maniere ordinaire de former des Roses, est nécessaire par les mêmes causes que celle usitée pour les Brillants; d'autant plus que les Roses employent moins de matiere que ne peuvent faire les Brillants.

De ce qui a été dit des Roses, il paroît évident, que dans toutes les circonstances elles méritent autant d'estime & d'égard que les Brillants; & qu'elles ont droit, poids pour poids, à une égale valeur. Quelques personnes parmi nous, & ce sont celles qui jouissent de la plus grande réputation pour la connoissance des Diamants, préferent les Roses. Mais, quoique ce soit l'opinion de quelques personnes particuliéres, elle ne me paroît pas plus fondée que celle des gens qui préferent les Brillants. Car il en résulteroit les mêmes conséquences pour ceux qui possedent des Brillants; savoir que si les Brillants étoient plus estimés que les Roses, le prix des Roses diminueroit: & si au contraire les Roses étoient plus estimées que les Brillants, ceux-ci perdroient certainement de leur prix. Mais si les Roses & les Brillants sont également estimés, comme il paroît qu'ils doivent l'être, on sauvera le poids qu'un changement de modes, ou de façon de tailler, leur pourroit faire perdre.

La chose qui se présente ensuite a examiner dans l'ordre des matieres, est la méthode de mettre à prix les Diamants.

CHAPITRE XIII.

De la premiere maniere d'évaluer les Diamants taillés, en comparaison avec les Diamants bruts dont on les a formés.

JE vais donner un exemple qui fera connoître la valeur d'un Diamant taillé, selon le principe établi ci-devant, en supposant la valeur des Diamants bruts à 2 l. st. par K.

Il faut doubler le poids d'une telle pierre (parceque l'on suppose qu'elle perd la moitié de son poids dans la taille). Ainsi nous la regardons comme étant dans sa premiere forme, & conservant son premier poids qui est 2 K. & alors multipliant 2 par 2 cela fait 4. ce qui est le quarré de son poids; ensuite, multipliez 4 par 2, cela fait 8 l. st ce qui est la valeur d'un Diamant taillé, qui pese 1 K. & ce qui est égal à la valeur d'un Diamant brut de 2 K. dont on le suppose taillé. Je donne cet exemple pour faire voir le rapport que les Diamants bruts ont avec ceux qui sont taillés. Et pour expliquer plus en détail cette regle avant que d'en établir d'autres, il faut observer, que quoique nous fixions à 2 l. st. le prix général des Diamants bruts, on doit cependant comprendre qu'ils different en valeur, selon leurs differens dégrés de perfection, & selon la perte que l'on est obligé de souffrir dessus pour les bien tailler. L'on sait qu'il y en a qui perdent beaucoup plus que d'autres; ce qui provient de leur mauvaise forme, & des autres défauts ausquels les Diamants sont sujets. Et ces defauts sont en si grand nombre & sont si difficiles à exprimer, que quand même j'en ferois le détail, il n'y auroit que les Négocians & les Ouvriers les plus expérimentés qui pourroient le comprendre. Cette considération, & la crainte de n'être d'aucune utilité au public sur ce point là, m'empêchent d'en dire d'avantage à ce sujet.

Il reste encore trois exemples, outre celui que j'ai déja donné, pour expliquer le principe d'évaluer les Diamants taillés, & pour parvenir à la vraie connoissance de leur valeur; ce qui pourra servir en toutes occasions. Après cela j'en donnerai trois autres de même utilité, mais d'une maniere differente, qui tendent cependant au même but.

Il faut remarquer, que tous ces exemples que je donnerai, sont fondés sur le prix de 2 l. st. par K. pour les Diamants bruts, soit bons, soit mauvais, comme nous l'avons déja fait observer. Ainsi 2 l. st. sont seulement le prix des pierres d'une moyenne qualité. Il est bon de se ressouvenir aussi, que nous supposons perdre la moitié du poids de la pierre dans la fabrique: & comme l'on peut se méprendre dans le calcul de quelques Diamants particuliers, selon les méthodes que je vais prescrire, on doit faire attention que les prix des Diamants depuis le poids d'un K. jusqu'à 100 dans le même dégré de bonté, sont contenus dans les planches XI. XII. XIII. XIV. XV. & XVI. qui prouveront si le calcul que l'on aura fait est juste. Il faut savoir encore, que la dépense de la taille n'est pas comprise dans tous les exemples que je donnerai sur ce sujet: j'en expliquerai les raisons dans la suite.

Ces observations faites, voyons présentement ces trois exemples que nous ajoutons pour expliquer la premiere méthode d'évaluer les Diamants taillés.

PREMIER EXEMPLE.

Pour trouver la valeur d'une pierre de 5 K. il faut en doubler le poids, par rapport à la supposition que nous faisons de la perte de la moitié de son poids par le travail : ce doublement remettra la pierre à l'égalité de son poids naturel, qui sera 10 K. Alors multipliez 10 par 10, qui donne le quarré de son poids, & qui fait 100 K. Enfin multipliez 100 par 2 l. st. le produit sera 200 l. st. ce qui est la valeur d'une pierre taillée pesant 5 K. & le prix de ce même Diamant, s'il étoit brut.

PREUVE.

	10 K.
Multipliés par	10 L. St.
Donnent . .	100
Qui étant aussi multipliés par	2 L. St.
Produisent. .	200 L. St.

SECOND EXEMPLE.

Pour trouver la valeur d'une pierre pesant 5 K. $\frac{1}{8}$. doublez en le poids comme dans l'exemple précedent, cela vous donnera 10 $\frac{1}{4}$. Multipliez ensuite ce poids par 4, pour le réduire en quarts, ou grains, vous aurez 41, que vous multiplierez encore par 41, qui vous rendront 1681 ; ce qui sera le quarré de son poids, en seiziémes. Ainsi divisez 1681 par 16, cela produira le nombre de K. de son poids, qui sera de 105 K. $\frac{1}{16}$. Ce qui étant multiplié par 2 l. st. rendra la somme totale de 210 l. st. 2 schellings (*a*) & 6 sols : ce qui est la valeur de la pierre, soit brute, soit taillée.

PREUVE.

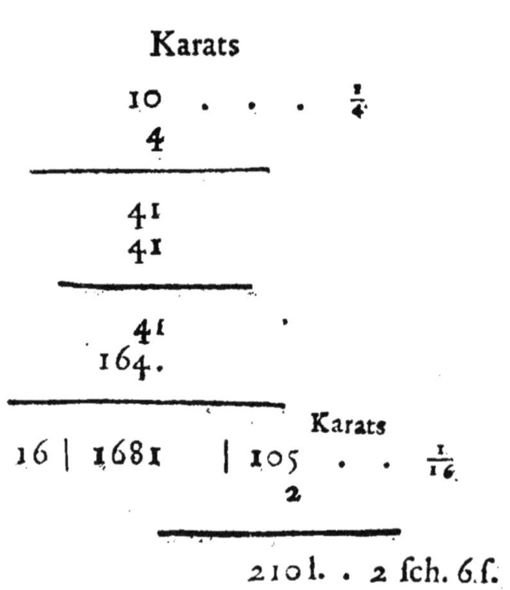

Karats

10 . . . $\frac{1}{4}$

4

41

41

41

164.

16 | 1681 | 105 . . $\frac{1}{16}$ Karats

2

210 l. . 2 sch. 6 s.

TROISIEME EXEMPLE.

Pour trouver la valeur d'une pierre de 5 K. $\frac{1}{4}$; son poids étant doublé, comme à l'ordinaire, rendra 10 K. $\frac{1}{2}$. Reduisez ce poids en grains, en le multipliant par 4 cela produira 42 : alors multipliez 42 par 42, cela fait 1764, qui est le quarré de son poids en seiziemes, qui étant divisés par 16, deviennent des karats, & se trouvent au nombre de 110 K. $\frac{4}{16}$,

(*a*) Un Schelling vaut 12 sols d'Angleterre, qui valent 24 sols de France. Dans la suite on ne trouvera ce mot employé dans cet Ouvrage qu'en abregé par ces simples lettres *sch.* & celui de *sols*, seulement exprimé par la lettre *s.* ou *s.*

que vous multiplierez par 21. st. qui vous rendront pour somme totale 220 l. 10 sch. qui sont la valeur de la pierre soit brute soit taillée.

PREUVE.

10 . . . $\frac{1}{2}$
4

42
42

84
168.

Karats
16 | 1764 | 110 . . $\frac{4}{16}$
2

220 l. . 10 sch. (a)

(a) Comme on s'est attaché à rendre l'Auteur fidellement, on n'a changé aucun de ses calculs. Il y en a cependant quelques uns sur lesquels on croit devoir prévenir le Lecteur, parce qu'ils ne paroissent pas exacts.

Dans ce Chapitre XIII. & dans le Chapitre suivant, la valeur d'un Diamant du poids de 10 K. brut, ou de 5 K. taillé, est fixée par le premier exemple à 200 l. st. ce qui revient à 10 l. st. le K. brut, & à 40 le K. taillé.

Par le second exemple, un Diamant de 5 K. $\frac{1}{8}$ taillé, ou de 10 K. $\frac{1}{4}$ brut, est évalué 210 l. st. 2 sch. 6 s.

Et par le troisiéme exemple, un Diamant de 5 K $\frac{1}{4}$ taillé, ou de 10 K. $\frac{1}{2}$ brut, est porté à 220 l. st. 10 sch.

Il semble que ces deux derniers exemples sont fautifs, & qu'on y prend plus de deux fois la valeur de la fraction.

En-effet, dans le second exemple le huitieme de K. travaillé, qui represente le quart du K. brut, ne doit être que

CHAPITRE XIV.

De la seconde maniere d'évaluer les Diamants taillés, par rapport aux Diamants bruts dont on les suppose taillés.

PREMIER EXEMPLE.

Pour trouver la valeur d'un Diamant pesant 5 K. il faut, ainsi que dans les exemples précédents, doubler le poids, ce qui fait 10 K. Et comme un Diamant brut est évalué à 2 l. st. par K. chaque K. selon cette seconde methode, monte à dix fois autant, de sorte que chaque K. doit valoir 20 l. st. Ainsi multipliez 10 K. par 20 l. st. le produit sera 200

de 5 l. st. qui est le quart de 20 & le huitiéme de 40 l. st. que valent les K. bruts ou travaillés, selon le premier exemple.

Pareillement dans le troisieme exemple, le quart de K. taillé, qui represente la moitié du K. brut, ne doit être que de 10 l. st. moitié de 20 & quart de 40 l. st. prix du K. brut ou travaillé, selon le premier exemple.

D'où il s'ensuit, que le Diamant du second exemple ne doit être que de 205 l. st. & celui du troisieme de 210 l. st. seulement.

Mais on ne croit point devoir condamner sur cette apparence l'Auteur, qui peut avoir des raisons tirées des principes de son Art, pour évaluer les Diamans sur le pied qu'il le fait; il doit suffire d'avoir ici proposé ce doute, on en laisse la décision à ceux qui sont plus au fait de la matiere. Cependant il est bon d'avertir encore, que l'Auteur a operé de même dans tous les calculs où il se rencontre des fractions.

On peut aussi appliquer cette Note à ce qui est dit dans le Chapitre XVIII.

l. ft. ce qui eft la valeur de la pierre, foit brute, foit taillée.

PREUVE.

	10 . . . . K.
multipliés par. .	20
Somme totale. .	200 l. ft.

SECOND EXEMPLE.

Si l'on veut favoir la valeur d'une pierre de 5 K. $\frac{1}{8}$, le poids étant doublé donnera 10 K. $\frac{1}{4}$. Alors calculez le poids de la maniere précedente, vous trouverez que chaque K. vaut 20 l. ft. 10 fch. Il faut premierement multiplier 10 k. par 20 l. ft. qui font 200 l. ft. multipliez enfuite 10 k. par 10 fch. cela fait 100 fch. ou 5 l. ft.; après cela ajoutez la valeur d'un quart de K. à raifon de 20 l. ft. 10 fch. par K. cela fait 5 l. ft. 2 fch. 6 s. Enfin ajoutez ces trois fommes enfemble; le total fera 210 l. ft. 2 fch. 6 f. qui eft la valeur d'une pierre, foit brute, foit taillée.

PREUVE.

	10 K		
multipliés par. . .	20 l. ft.		
donnent. . .	200 l. ft.		
10 K. multipliés par 10 fch. .			
donnent. . .	5 l. ft.		
la valeur d'un quart de K. à 20 l. ft. 10 fch. eft . .	5	2	6
Somme totale. .	210 l. ft. 2 fch. 6 f.		

TROISIEME EXEMPLE.

On veut savoir la valeur d'une pierre de 5 K. $\frac{1}{4}$. le poids doublé fait 10 K. $\frac{1}{2}$. comptez le poids comme dans les deux derniers exemples, & vous trouverez que cette pierre ci vaut 21 l. st. par K. Multipliez 10 K. par 21 l. st. cela fait 210 l st. ajoutez ensuite la valeur du demi k. cela fait 10 l. st. 10 sch. joignez enfin ces deux sommes ensemble, le total sera 220 l. st. 10 sch. ce qui est la valeur de la pierre, soit brute, soit taillée.

PREUVE.

	10 k	
multipliés par. .	21	
font.	210	
la valeur de $\frac{1}{2}$ carat.	10	10
Somme totale.	220 l. st.	10 sch.

Je pense que les exemples que je viens de donner des deux maniéres d'évaluer les Diamants taillés, en même tems que les Diamants bruts dont ces Diamants sont taillés, tiennent lieu d'explication suffisante du principe d'évaluer ces deux sortes de Diamants, & servent de preuves que ces regles sont fondées sur la raison

CHAPITRE XV.

CHAPITRE XV.

De la maniere d'évaluer les Diamants taillés ; sans avoir égard aux Diamants bruts.

AYANT donné des exemples des deux differentes manieres pour parvenir à connoître la valeur des Diamants taillés, ainsi que celle des Diamants bruts, dont ils sont taillés ; je vais présentement donner trois exemples d'autant de Diamants taillés, du même poids que ceux dont nous venons de parler dans les Chapitres précédens, pour apprendre comment on peut connoître leur juste valeur, sans avoir aucun égard aux Diamants bruts. Et comme cette derniére méthode paroît être plus courte, elle est plus aisée à comprendre, & par conséquent on pourra toujours l'employer dans telle occasion que ce soit.

Il faut se servir du même prix dont nous nous sommes déja servi pour les Diamants taillés. Comme un Diamant brut est estimé 2 l. st. par K. & qu'un Diamant taillé, pesant 1 K. est estimé 8 l. st. ainsi pour trouver la valeur d'une pierre qui a le même dégré de bonté, quel que soit le nombre de K. qu'elle contienne, chaque K. doit être estimé 8 l. st. & quel que soit le montant de la somme, il faut qu'il soit multiplié par le poids du Diamant. En voici un exemple.

PREMIER EXEMPLE.

Pour trouver la valeur d'un Diamant de 5 K. comptez chaque K. à 8 l. st, alors multipliez 5 par

8 l. st. & le produit sera 40 l. st. Ainsi chaque K. vaudra 40 l. st. Ensuite multipliez 5 par 40 ; le produit sera 200 l. st. qui est la valeur du Diamant.

PREUVE.

	5	K.
multipliés par .	40 l. st.	
somme totale .	200 l. st.	

SECOND EXEMPLE.

Supposons une pierre de 5 K. $\frac{1}{8}$, à raison de 8 l. st. par K. multipliez 5 par 8, cela fait 40; ajoutez $\frac{1}{8}$ de 8 l. st. qui est 1 l. st. Ainsi la valeur de chaque K. de cette pierre, sera de 41 l. st. Multipliez alors 5 par 41 vous aurez 205 l. st. ajoutez ensuite $\frac{1}{8}$ de 41 l. st. qui est 5 l. st. 2 sch. 6 s. ces deux sommes étant additionnées ensemble donneront le total 210 l. st. 2 sch 6 s. & ce sera la valeur du Diamant.

PREUVE.

	5	K.	
multipliés par	41		
font . . .	205		
ajoutez $\frac{1}{8}$ de 41 l. st. .	5	2	6
somme totale	210 l. st.	2 sch.	6 s.

TROISIEME EXEMPLE.

Pour une pierre de 5 K. $\frac{1}{4}$ chaque K. vaut 42 l. st.
multipliez 5 par 42, cela fait . 210 l. st.
ajoutez le quart de 42 l. st. . 10 10 sch.

somme totale . 220 l. st. 10 sch.

CHAPITRE XVI.

Des plus hauts & des plus bas prix des Diamants bruts & des Diamants polis.

J'AI fait voir les deux differentes manieres qu'on emploie pour trouver la valeur des Diamants, soit bruts, soit polis, que je suppose être d'une bonté médiocre, c'est-à-dire ordinaire. Dans la premiere maniere, je les ai estimés à 2 l. st. par K. & dans la seconde à 8 l. st. Mais comme les Diamants, soit bruts, soit polis, portent quelque fois des prix plus hauts ou plus bas, il reste à montrer de combien ils peuvent augmenter ou diminuer de valeur.

Je parlerai premiérement des Diamants bruts, & je supposerai trois prix, savoir 1. 2. & 3 l. st. Le prix moyen étant 2 l. st. il en resulte que les meilleurs Diamants surpassent en prix les moyens autant que ceux qui sont au dessous diminuent de prix; cela fait une difference de 50 pour 100 de chaque côté; & par conséquent les Diamants de la moindre qualité n'ont qu'$\frac{1}{3}$ du prix de la valeur des Diamants les plus fins.

Je vais tâcher de prouver que les deux prix extrêmes proviennent naturellement du prix moyen; & pour cet effet je veux premierement montrer, qu'un Diamant brut qui ne vaut pas 1 l. st. par K. ne mérite pas la taille; parceque tous ceux qui sont au dessous de ce prix, ont surement quelque uns, ou peutêtre tous les défauts suivants; savoir d'être cendreux, ou tachés, ou boueux, ou pailleux, ou veineux, ou raboteux, ou mal conformés, ou d'une mauvaise couleur; ce qui leur ôte par conséquent toute leur valeur: car malgré tout ce que l'art peut faire, il ne sauroit leur donner aucun lustre; ainsi ils ne méritent pas le nom de joyaux.

Il est nécessaire de remarquer, que de telles pierres seront utiles pour tailler & former les autres, & que par cette raison elles se vendront autant pour être employées à cet usage, que d'autres personnes les acheteroient pour les tailler: car la dépense du travail seroit la même pour ces pierres là, que si elles étoient de la meilleur qualité, & quelles fussent bien formées: aulieu que quand elles sont mal conformées, cela ne peut qu'ajouter à leurs défauts; & la perte qui se fera en ce cas là par la taille, sera beaucoup plus considérable qu'il n'arriveroit dans les pierres d'une bonne forme, parcequ'on est obligé d'ôter le plus qu'on peut de ses défauts. Il est vrai que quand une pierre ainsi fautive se rencontre d'une grosseur extraordinaire, elle peut mériter d'être taillée, parceque sa grosseur pourra la faire prévaloir, en ce qu'il ne s'en trouve que fort rarement de si grosse. Mais, malgré cet avantage, elle ne pourra pas servir d'ornement; & une telle pierre ne doit être estimée qu'au dessous de 4 l. st. par K. ou selon que le vendeur & l'acheteur tomberont d'accord.

Comme il est clair par ce que je viens de dire,

qu'aucun Diamant brut ne doit être travaillé s'il ne vaut 1 l. st. par K. il faut donc que ce soit le plus bas prix de ceux des Diamants bruts qui méritent d'être taillés ; & ce prix étant, ainsi que je l'ai déja remarqué, la moitié de la valeur du prix moyen ou des Diamants de moyenne qualité, il s'ensuit qu'estimant les Diamants les plus parfaits autant au dessus, ils valent 3 l. st. par K.

Cela montre, que les plus mauvais Diamants taillés valent 4 l. st. le K. & les plus beaux, 12 l. st. le K. En voilà, je crois, suffisamment pour donner lieu à un examen, & pour servir d'occupation au jugement, & à la spéculation. Si la valeur des Diamants bruts vient à hausser ou à baisser, le prix moyen sera toujours celui auquel on aura estimé les bons & les mauvais mêlés ensemble : & autant qu'il y aura de difference de prix entre les Diamants de moyenne qualité & ceux de la moindre, la même difference doit se trouver entre les Diamants de moyenne qualité & ceux de la premiere. Ainsi l'on doit comprendre la valeur de tous Diamants entre les deux prix extrêmes.

CHAPITRE XVII.

Remarques sur les Diamants du Bresil.

C'EST du défaut de connoissance de ce que je viens d'établir dans le Chapitre précédent, & de la régle d'évaluer les Diamants, qu'est venue la grande difference des opinions des Jouailliers au sujet de leur juste valeur. Je ne m'arreterai pas au détail des mauvais effets que cette difference a causés ;

on ne les a que trop ſenſiblement éprouvés (*a*) : je ne parlerai que de ce qui eſt arrivé dans les tems précédents.

En l'année 1733 les Diamants bruts ne valoient pas 20 ſch. le K. Dans l'année 1735 il n'en valoient pas 30, & dans l'année 1742 ils ne ſurpaſſoient point encore ce même prix. Cela ſe prouve ſans replique par l'état des ventes publiques qui ſe ſont faites dans ces années là. Je m'en ſuis réſervé des catalogues, ſur leſquels j'ai fait quelques remarques, & je ſerai toujours prêt à les montrer dans l'occaſion. Je les ai conſervés avec d'autant plus de ſoin, que je me ſuis imaginé qu'on n'en verra jamais de pareils; & la raiſon pourquoi j'en parle, eſt que j'ai deſſein de faire voir, que ſi les marchands avoient mieux connu la valeur des Diamants, & la cauſe réelle d'une telle abondance, l'on n'auroit pas vû une ſi grande conſternation parmi eux. Car il y en avoit pluſieurs, & même des plus gros négocians de Londres, qui croyoient que les Diamants alloient devenir auſſi communs que les Cailloux tranſparents; & ils étoient ſi fort aveuglés par cette opinion, que la plupart refuſoient d'acheter des Diamants à quelque prix que ce fût.

Ceux qui riſquoient d'en acheter, n'étoient guère que des perſonnes dont les affaires étoient en très mauvais état; ce qui faiſoit que les marchands de Liſbonne, craignant qu'on ne leur renvoyât leurs Diamants, ne ſe ſoucioient point d'en vendre, étant obligés de faire credit à des perſonnes non ſolvables, & même de les donner au prix que cette ſorte de pratique le demandoit.

Un des plus gros marchands Portugais, avec qui je negociois dans ce tems là, & de qui j'achetai

(*a*) Il faut ſe rappeller que l'Auteur ne parle que de l'Angleterre.

une certaine quantité de Diamants, montant à 750 l. st. me dit que dans le mois de Janvier 1734, faute de pratiques solvables, il avoit été obligé de faire crédit de plusieurs 100 l. st. à des personnes à qui dans un autre tems il n'auroit pas confié 5 l. st. & que tous les autres marchands avoient été obligés d'en faire autant; ce qui fut cause qu'ils en renvoyerent de grandes quantités à Lisbonne, ne pouvant même trouver assez de cette sorte de chalants pour les acheter.

Ce même Marchand ayant observé que j'étois plus exact que d'autres à peser les plus grosses pierres qu'il m'avoit vendues, m'en demanda la raison. Je lui dis, que quiconque ne savoit pas évaluer des Diamants selon leur poids, quelque connoissance qu'il eût d'un Diamant brut, ne pouvoit décider de la valeur d'aucune pierre. Sur quoi il répondit, que si j'avois ce secret, il me seroit possible de gagner tout ce que je voudrois. Je lui répliquai, que cela ne pouvoit être d'aucune utilité, tant que mon secret ne seroit pas public, & que l'on ne seroit pas convaincu de la justesse de mon principe. A quoi il me répartit, qu'il croyoit que cette connoissance seroit fort utile au Public, & me demanda si je n'étois pas dans le dessein de lui en faire part. Je dis que c'étoit bien mon intention, quand j'en trouverois une occasion plus favorable, lui représentant que cela ne seroit pas à propos alors, puisque le Public, & même les Négocians en Diamants, craignoient que les mines du Brésil n'en fournissent des quantités inépuisables, & que le monde n'en voulût plus acheter, puisque les Jouailliers eux-mêmes commençoient à les dépriser.

Comme cela est arrivé ainsi, & que les choses sont encore à peu-près de même à cet égard, il est à propos d'examiner, si les mines du Brésil ont réellement produit des Diamants ; ou ſi ceux qui ſont venus de ce païs-là, n'étoient pas des Diamants acquis par le commerce.

Ayant paſſé pluſieurs années dans l'incertitude, & voulant m'en éclaircir à fond, je n'ai laiſſé échaper aucune occaſion de m'en informer. Je vais faire au Lecteur un récit de ce que j'en ai appris.

En l'année 1734, j'eus l'honneur d'être connu d'un Gentilhomme qui avoit été Gouverneur du fort S. George quelques années auparavant. Il me dit, au ſujet des mines du Bréſil, qu'il ne croyoit pas un mot de ce que l'on en diſoit, & me donna pour raiſon, que quand il étoit au fort S. George, on lui avoit aſſuré, que les habitans du Bréſil avoient depuis longtems un commerce ſecret avec les Indiens de Goa pour les Diamants ; & qu'il ſavoit très bien qu'ils en avoient une grande quantité, mais qu'ils n'étoient pas beaux, parce qu'ils les achetoient à bon marché. Il me dit de plus, que quelque quantité qu'ils puſſent en envoyer, cela ne lui oteroit pas la bonne opinion qu'il avoit de ceux qui lui apartenoient, & qu'il ne rabattroit rien du prix que les Indiens les lui avoient eſtimés, ajoutant que cette nation s'entendoit en perfection à évaluer les Diamants. Il a toujours perſiſté dans la même réſolution juſqu'à ſa mort, qui n'eſt arrivée que depuis quelques années. Un peu avant ſa mort il vendit une partie de ſes Diamants au prix qu'il en vouloit. Il me dit, que ſi les Indiens avoient envoyé des Diamants à Liſbonne, ce n'étoit point de leur bon gré, mais par néceſſité, étant obligés de lever une groſſe ſomme pour payer les arrérages qu'ils devoient au Roi de Portugal. D'autres perſonnes depuis m'ont aſſuré la même choſe.

On dit auſſi que le feu Roi ayant appris qu'ils devoient beaucoup à leurs correſpondants en Europe, les obligea d'en envoyer suffisamment pour les payer. Sitôt que ces Diamants furent arrivés à Lisbonne, le Roi ordonna qu'ils fussent vendus publiquement, afin d'avoir plutôt de l'argent pour payer les marchands. Il y a des personnes qui ont cru, que le Roi en avoit agi de la sorte pour se venger de ses sujets du Bresil, parce qu'ils avoient usé de mauvaise foi à son égard & envers les marchands Européens, attendu qu'ils auroient pu envoyer ces Diamants bien plutôt.

Une autre circonstance qui m'étoit presqu'échapée de la mémoire, c'est que plusieurs personnes d'une probité reconnue, & qui étoient au fort S. George quand arriva la nouvelle que les mines du Bresil avoient fourni à l'Europe une grande quantité de Diamants à très grand marché, m'ont assuré que les Indiens n'en firent que rire, & dirent que cela ne les obligeroit pas à diminuer de leur prix.

Il paroit par ce récit, que ces Diamants étoient le produit du commerce de Portugal, & non pas celui des mines du Bresil : car il n'est pas croyable qu'aucun Prince eût fait vendre le produit de ses propres mines d'une manière si désavantageuse, telle quantité qu'elles en eussent produite ; au contraire, il auroit empêché qu'on n'en envoyât une abondance capable de diminuer leur valeur, ce que les Indiens ont très grand soin d'éviter.

S'il étoit vrai que les mines du Bresil produisissent des Diamants en si grande abondance, il faudroit certainement qu'on les trouvât avec beaucoup plus de facilité & moins de dépense que dans les Indes ; & par conséquent le Roi de Portugal seroit le plus riche prince de l'Europe. Ce seroit une occupation nouvelle pour ses sujets du Bresil ; & son commerce en seroit d'autant plus considérable, que les Anglois le préfereroient à celui des Indes, où ils sont obligés de payer les Diamants en or non monnoyé. Or est-il croyable, qu'un Prince sage eût si peu d'égard pour un don de la providence si estimé par les peuples de l'Orient? Ainsi il faut croire que ce Prince étoit bien convaincu que ces Diamants étoient les effets du commerce, & non pas le produit de ses mines. Cela étant, on ne peut que donner des éloges à sa conduite, d'avoir obligé les Indiens de remplir leur devoir à son égard & envers leurs correspondants, sachant très bien que ces Diamants ne leur serviroient de rien, tant qu'ils les garderoient. D'ailleurs le commerce des Diamants avoit été défendu par le feu Roi: voilà pourquoi ils ont fait accroire que ces Diamants étoient réellement du Bresil; & pour le persuader encore mieux, ils ont souffert que l'on fît courir le bruit qu'ils étoient non seulement inferieurs à ceux des Indes, mais encore d'une nature différente.

A cette occasion, je puis assurer (d'après quelques observations critiques que j'ai faites à loisir sur ces deux qualités de Pierres que j'ai été à portée de bien examiner depuis le temps que j'en taille, & par l'étendue du commerce que j'en fais), que l'on n'a jamais trouvé aucune difference entre les Diamants des Indes & ceux que l'on dit être du Bresil. On a même remarqué qu'il y a eu des années que le Bresil en a fourni d'aussi beaux qu'il en soit jamais venu des Indes, & que les petits Diamants du Bresil se sont vendus tout aussi cher que les petits Diamants venus des Indes. D'un autre côté il faut observer, que depuis quelque temps on n'entend presque plus parler des Diamants du Bresil, si ce n'est pour apprendre que les envois qui en viennent, diminuent tous les ans, nonobstant que leur prix soit augmenté au triple de ce qu'ils valoient, il y a quelques années. Les négocians ne sont pas d'accord sur les causes de cette diminution, & je ne m'arrêterai pas à rapporter les differentes opinions qu'ils ont là-dessus. Mais je ne doute nullement, que si les Bresiliens envoient si peu de Diamants, cela ne vienne de ce qu'ils n'en ont pas davantage. Delà il s'ensuit que leur commerce a été interrompu, & qu'ils n'ont plus les mêmes moyens de les acquerir. Ainsi il faut croire, que la quantité qu'ils en fournissoient autrefois à l'Europe, étoit le produit du commerce de l'or du Bresil, que les mines produisent en très grande abondance; & dans ce sens là on peut dire avec raison, que les Diamants qu'ils nous ont envoyés, étoient le produit des mines du Bresil. Si l'on a défendu cette sorte d'échange, nous ne pouvons pas nous attendre d'en recevoir la même quantité; quoiqu'il en puisse toujours venir, plus ou moins, selon qu'ils auront les occasions d'en acheter. C'étoit par cette raison, qu'avant cette abondance on ne leur avoit point encore donné le nom de *Diamants du Bresil*, & qu'on les envoyoit très secretement; & il est à croire que ce commerce continuera toujours de même, parceque les Diamants sont des effets faciles à transporter, & qu'on pourra toujours les faire passer, malgré les défenses expresses du Roi de Portugal. A l'égard de sa raison de politique pour vouloir arrêter ce trafic; comme cela ne me regarde point, je ne veux point l'approfondir.

Dans tout ce que je viens de dire pour montrer le peu d'apparence qu'il y a que les mines du Bresil ayent fourni tous les Diamants qu'on leur attribue depuis quelques années, on remarquera une circonstance dont j'ai parlé, & qui mérite une attention toute particuliére; c'est pourquoi je vais y revenir une seconde fois. J'ai dit, que quoique les

Indiens fussent fort bien à quel vil prix on vendoit en Europe les Diamants du Bresil dans les années que j'ai précédemment nommées, ils ont toujours soutenu leur prix; ce qui prouve très clairement, que c'étoient eux qui les avoient vendus aux habitans du Bresil. Cela sert aussi à expliquer la cause des risées qu'ils firent au sujet de l'abondance des Diamants du Bresil, & pourquoi ils dirent que cela ne leur feroit pas diminuer leur prix.

Cette conduite mérite surement les plus grands applaudissements. Car, s'ils eussent suivi l'exemple des marchands du Bresil, ce riche commerce auroit été réduit à rien, ou du moins à très peu de chose; & on ne sauroit exprimer les mauvais effets que cela auroit produit. L'honneur d'avoir prévenu un tel malheur, n'appartient certainement qu'aux Indiens.

Il est véritablement de la plus grande utilité pour le public, de maintenir, autant qu'il est possible, le prix de ces Bijoux d'une maniére invariable. La conduite passée des Indiens nous fait voir qu'ils en sont bien convaincus, mais il y a encore d'autres preuves à en donner.

Des personnes, dont la bonne foi a souvent été mise à l'épreuve, assurent, que quand les Indiens s'apperçoivent qu'on ne s'empresse pas beaucoup à acheter leurs Diamants, ils les retirent aussitôt; & telle abondance qu'ils puissent en avoir, ce n'est point pour eux un motif de changer leur prix : ce qui fait voir qu'ils n'ont aucuns concurrens ni rivaux à craindre dans ce commerce; & il n'y a aucun lieu d'en douter sur ce que nous avons déja remarqué : mais leur maniére de commercer avec nous, paroît en être encore une plus forte preuve; la voici.

Ils s'informent d'abord de quelles sortes de marchandiſes on a le plus de beſoin ; enſuite ils les montrent, & y mettent le prix qu'ils veulent, & jamais ils n'en diminuent : car ils croyent être les ſeuls juges de cette valeur ; & il eſt vrai que perſonne ne peut le leur diſputer. On ſait qu'ils nous envoyent leurs Diamants, proprement empaquetés dans de la mouſſeline, & ſcellés du cachet de celui qui les a vendus. On les achete ordinairement avant que d'ouvrir les paquets, parcequ'on ſuppoſe que ces paquets contiennent la valeur de ce qu'ils ont couté, & l'acheteur donne au marchand un profit raiſonnable. Ces Diamants ainſi acquis, l'acheteur ouvre le paquet, les ſépare, & met le prix à chacun, ſelon que ſon jugement & ſa connoiſſance le dirige, ſe faiſant auſſi ſur le tout un profit ſelon ſa conſcience. Après une telle conduite dans ce négoce, je laiſſe aux perſonnes qui voudront bien ſe donner la peine d'y réflechir, à conſidérer, s'il y a quelqu'un en état de mettre le prix ſur des Pierres différentes en grandeur & en beauté, ſans avoir une règle ſure pour diriger ſon jugement. Quant à ce qui regarde leurs différentes qualités, l'examen, aidé de la connoiſſance que l'on peut avoir acquiſe par la taille des Diamants, doit être le ſeul guide. Mais il eſt queſtion de ſavoir s'il y a quelque perſonne qui puiſſe juger de la valeur d'une Pierre par ſa grandeur. Il paroit que les négociants de l'Europe penſent que les Indiens ont quelque règle pour cela, puiſqu'ils ont une ſi grande confiance en ces peuples ; & je crois que quand nos négociants auront acquis une bonne méthode pour eſtimer les Diamants, ils trouveront que les Indiens ont toujours eſtimé leurs gros Diamants de même valeur, ſoit que l'on en ait eu affaire ou non.

Cela étant, ne peut-on pas dire que les Diamants ſont des choſes auſſi ſtables que l'or & l'argent ? Et quoique l'on ne puisse pas parvenir à connoître leur valeur avec autant d'exactitude qu'on connoît celle de l'or & de l'argent par l'essai, cependant l'examen nous la fera connoitre d'une maniere aussi précise à l'égard des Diamants qu'à l'égard de l'or. Mais, tel profit qu'on en retire, on ne pourra jamais fixer la valeur des Diamants en Europe, si l'on n'abandonne pas la fausse idée que l'on a, que les mines du Bresil en fournissent. Je laisse au public à juger de quelle utilité il est d'être bien instruit de cette vérité.

Quoique l'on remarque que les Diamants ont en tout temps à peu près la même valeur dans l'Inde, il est impossible cependant que leur prix soit toujours le même dans les autres parties du monde, & cela à cause de différentes circonstances. La principale cause qui fait varier le prix des Diamants & des autres Bijoux, n'est autre que la diversité des sentimens des Jouailliers à l'égard de leur juste valeur. Mais l'exemple extraordinaire que l'on a vu pendant les dernieres guerres d'Allemagne, en sera une preuve incontestable, puisque l'on a vu dans les Gazettes publiques, qu'on étoit obligé de donner les Pierres précieuses pour les deux tiers, ou même pour les trois quarts moins du prix qu'elles se vendent ordinairement. Il est vrai que l'avarice des acheteurs pouvoit y contribuer en quelque sorte. Mais cela prouve-t'il la valeur intrinseque des Bijoux ? Et ne doit-il pas au contraire détourner beaucoup les personnes de distinction d'en acheter ? N'est-il donc pas fort à propos de rendre leur prix aussi invariable que peut le permettre la nature de ces Bijoux, puisque les gens de qualité en ont toujours amassé, non seulement pour leur ornement personnel, mais aussi comme un trésor solide pour leur servir en cas de besoin ? Et nous savons trés bien,qu'il y a dans l'Europe des Diamants bruts, aussi bien que des polis, qui n'ont été achetés que par cette seule raison.

Si cela est, rien ne peut encourager davantage ces personnes à en acheter, que de rendre leur valeur plus fixe. Et comme cela ne peut se faire sans être au fait de la maniere de les apprécier avec justesse, la méthode suivante est le seul moyen de parvenir à cette connoissance.

Il faut absolument estimer les gros Diamants selon la regle que j'ai déja donnée, par le prix d'une pierre d'un K. qui soit semblable en toutes choses à la pierre dont on veut savoir la valeur : car de la même maniere que l'on estime une pierre d'un K. il faut estimer une plus grosse qui soit de la même bonté, de tel poids qu'elle soit.

Pour preuve de cette verité, on observera que les Jouailliers qui ont eu le plus de connoissance & d'expérience, ont toujours estimé les Diamants selon cette regle, & cela par un fonds de jugement naturel. Et comme les plus jeunes & les moins expérimentés ont surement besoin de quelques secours dans une affaire d'une si grande importance, cette règle servira à les mettre dans le bon chemin. Par ce moyen, la valeur des Diamants sera universellement connue d'une maniere très simple.

Il suffit d'être instruit de la valeur d'une pierre d'un K. & les personnes d'un bon jugement ne peuvent s'y tromper, soit que la pierre soit bonne, médiocre, ou mauvaise : ainsi on peut croire que leurs sentiments s'accorderont pour une pierre d'un K. de telle qualité qu'elle soit, & qu'ils rouleront depuis cinq jusqu'à dix pour cent.

CHAPITRE XVIII.

De la Table du prix des Diamants.

ON trouvera dans les planches XI. XII. XIII. XIV. XV. & XVI. une table qui contient les prix des Diamants dont le poids seroit depuis 1 K. jusqu'à 100. Elle est formée sur la regle de leur évaluation selon le quarré de leur poids, en supposant que le prix des Diamants bruts, bons ou mauvais, compris ensemble, est de 2 l. st. le K. l'un portant l'autre. Ainsi 2 l. st. doivent être regardées comme le prix moyen; ce que l'on trouvera fort utile pour éviter la peine de calculer le prix de chaque pierre selon la règle. Et si l'on trouve quelque pierre qui differe plus ou moins de ce prix moyen, il faut ajouter ou diminuer à proportion pour 100 selon que l'on jugera à propos (*a*). Il faut remarquer que la table ne va point jusqu'à des seiziemes parties, & cela pour éviter de faire un si long calcul; mais on pourra y suppléer en ajoutant deux prix égaux, dont on prendra ensuite la moitié, ce qui donnera le poids d'entre deux. Le premier article dans la table est une pierre d'un K. qui vaut 8 l. st. Pour trouver ce prix par la règle, il faut multiplier 2 par 2, qui font 4, le quarré de son poids: alors multipliez 4 par 2, cela fait 8, & c'est le prix d'un K. Il faut se souvenir que tous les prix contenus dans la table, sont les prix moyens, & que la moitié du poids est perdue dans la taille, ce qui est la cause de la pre-

(*a*) Il n'est peut être pas inutile de revoir au sujet des calculs employés dans ce Chapitre, la note placée ci devant entre les Chapitres XIII, & XIV.

miere

miere multiplication par 2. Mais comme cette methode eſt plus pénible à l'égard des pierres dont le poids ſurpaſſe la préciſion d'un K. on trouvera la table plus commode.

Par exemple, ſuppoſant une pierre de 7 K. $\frac{7}{8}$. nous allons prouver ſa valeur par les deux méthodes. Commençons par la premiere méthode; elle eſt telle. Il faut doubler 7 K. $\frac{7}{8}$; ce qui fait 15 K. $\frac{3}{4}$. Enſuite il faut les multiplier par 4 pour les réduire en grains; ce qui fait 63. Alors multipliez 63 par 63, vous aurez en total 3969 ; ce qui fait le quarré de ſon poids en ſeiziémes. Diviſez 3969 par 16, cela fait 248 K. $\frac{1}{16}$; ce qui étant multiplié par 2 l. ſt. fait 496 l. ſt. 2 ſch. 6 ſ.

Voici la ſeconde méthode. Premierement il faut voir ce que vaut un Diamant de 7 K. $\frac{7}{8}$ par K. on trouvera qu'il vaut 63 l. ſt. enſuite multipliez 7 par 63, qui donnent 441 l. ſt. puis ajoutez la $\frac{7}{8}$ partie de 63 l. ſt. qui eſt 55. l. ſt. 2. ſch. 6 ſ. additionnez les deux ſommes enſemble, elles font 496 l. ſt. 2 ſch. 6 ſ. Ainſi le total revient au même, & s'accorde avec le prix d'une pierre de même poids dans la table.

Il ne ſera pas hors de propos de faire remarquer, qu'on ne parle point ici de la dépenſe qui eſt néceſſaire pour la taille de chaque pierre. Si je n'en ai point fait mention juſqu'à préſent, c'eſt parceque les differentes grandeurs des pierres, leurs differens poids, & leurs differentes ſubſtances, demandent des prix differens pour les tailler. Ces circonſtances ſont cauſe que l'on ne peut les mettre dans la table; c'eſt pourquoi leurs prix ſont contenus dans quatre tables ſéparément à la fin de ce traité. La premiere table contient le prix des Brillants bien proportionnés : en voici l'explication. La premiere colonne eſt l'accroiſſement de poids & de grandeur, commençant par une pierre d'un K. & allant en augmentant juſqu'à 100 K. Les 5 premiers articles n'augmentent que d'un K. chacun ; & les suivans augmentent de cinq K. chacun. La seconde colonne contient le prix du travail, selon leur accroissement en poids, à raison d'une l. st. le K. Je fais une augmentation de 5 K. pour abreger, parceque les prix des poids intermédiaires ne sont pas assez considérables en comparaison de l'accroissement de la valeur de telles pierres. L'explication de la premiere table servira pour les trois autres.

La seconde table montre le prix que l'on donne pour tailler les Brillants étendus, & qui est mis à 1 l. st. 5 sch. par K. En voici la raison. Toutes pierres étendues demandent plus de soin que celles qui sont bien proportionnées, & par conséquent ne se travaillent pas si vite. La troisiéme & quatriéme tables sont calculées pour les prix des Roses travaillées ; & comme les Roses se taillent beaucoup plus aisément que les Brillants, le prix est d'un quart moins, comme on verra dans la troisiéme table, qui regarde les Roses bien proportionnées. La quatriéme table sert pour les Roses étendues. Leur prix est le même que celui des Brillants bien proportionnés, & cela par les mêmes raisons que nous avons déja données en parlant des Brillants étendus. Remarquez surtout, que pour les pierres taillées il faut doubler le prix dans les tables, parce que la moitié du poids est perdue dans la taille.

Si je n'avois pas fait mention des dépenses differentes pour la taille des Diamants, on trouveroit que cela manqueroit à la connoissance de l'évaluation de chaque pierre : mais ces tables y suppléeront. Je vais donner un exemple d'un Brillant bien proportionné, pour en montrer l'utilité. Par exemple, supposons que l'on veuille savoir la valeur d'un Diamant de 7 K. $\frac{1}{8}$ d'un prix moyen : le Diamant seul, sans le travail, vaut 196 l. st. 2 sch. 6 s.

il faut compter la dépense du travail à 3 l. st. 15 sch. par K. ce qui monte à 26 l. st. 14 sch. 4 s. $\frac{1}{2}$; cette dépense étant ajoutée, rend la somme totale de 522 l. st. 16 sch. 10 s. $\frac{1}{2}$.

Je me flatte, que par les secours contenus dans ce Livre, tous ceux qui connoissent bien les Diamants, & qui en savent le prix courant, seront à l'avenir toujours d'accord. Il reste à montrer les perfections & les imperfections qui sont naturelles aux Diamants.

CHAPITRE XIX.

Des perfections & des imperfections qui sont naturelles aux Diamants; & de l'eau des Diamants.

VOICI les qualités qui distinguent les plus beaux Diamants. Ils doivent ressembler à une goutte d'eau de roche parfaitement claire; & si une telle pierre est d'une forme réguliere, & qu'elle n'ait ni taches, ni pailles, ni veines, ni autres défauts de cette sorte, elle formera un Diamant qui aura le plus beau lustre, & qui pourra être regardé comme le plus parfait.

Si l'on en trouve qui soient teints de jaune, de bleu, de verd, ou de rouge, & si la teinture est un peu foncée (ce qui ne se rencontre que très rarement), ils auront le rang d'ensuite. Mais si la teinture est pâle, elle rend la valeur de tels Diamants audessous de la précédente.

Il y a aussi d'autres couleurs plus composées, telles que le brun & le sombre. La premiere de ces deux couleurs ressemble à un sucre candi très brun, & l'autre à un gris de fer. Si quelque Diamant a les défauts dont nous venons de parler, ils lui oteront le lustre & le prix. Il faut remarquer que ce que l'on appelle la premiere eau d'un Diamant, veut dire la plus grande pureté & perfection de sa couleur, qui doit être, comme nous l'avons déja dit, aussi claire qu'une goute d'eau de roche. Quand on parle d'un Diamant qui manque plus ou moins de cette perfection, on s'exprime en disant qu'il est de la seconde ou de la troisiéme eau, &c. jusqu'à ce que l'on puisse l'appeller une pierre colorée. Je crois qu'il est inutile de parler d'un Diamant mal coloré, ou qui a d'autres défauts, parce qu'il est impossible d'en faire sentir tous les dégrés : cela ne peut s'apprendre que par habitude.

CHAPITRE XX.

De la valeur des Diamants au dessus de celle de toute autre Pierre.

LES Diamants ont toujours été regardés comme les premiers de tous les Bijoux par rapport à leurs qualités spécifiques, qui cependant demeurent cachées, si l'on n'y ajoute pas l'art & l'adresse. Il est certain que par eux-mêmes ils n'ont pas tant de beauté ou de lustre que bien d'autres pierres : mais quand ils sont judicieusement taillés, ils jettent un éclat qui surpasse tout autre ; c'est pourquoi ils demandent la plus grande précision dans le travail de leur taille ; c'est le seul moyen de les rendre toujours estimables, & de les soutenir dans leur valeur. En suivant cet avis, tous ceux qui ont des Diamants, seront assurés d'avoir un bien solide. Au contraire, si leur beauté n'est pas bien mise en évidence par le travail, ces Bijoux deviendront des ornemens indignes des grands; ce qui par conséquent diminuera leur valeur. Je ne doute nullement que cette considération n'engage les Curieux à leur faire donner par la suite toute la beauté & tout le lustre dont ils sont susceptibles.

Si l'on examine les circonstances suivantes, on verra que les Diamants méritent plus d'égards qu'aucuns des autres Bijoux. Premierement, c'est une richesse très commode, par rapport à ce qu'elle n'occupe que très peu de place, & que par conséquent elle est très facile à transporter. Ensuite leur extrême dureté les garantit de tout accident, puisque rien ne peut y faire aucune impression, ou diminuer leur lustre, sinon de les frotter l'un contre l'autre. Il n'y a que le feu qui puisse leur préjudicier, encore faut-il pour cela qu'il soit ardent & de durée. Le mal qu'ils en reçoivent, vient principalement de la trop grande précipitation à les retirer, parceque l'impression trop subite de l'air froid peut y causer des pailles, &c. Un feu moderé ne peut que les rendre rudes sur la surface; ce qui se raccommode aisément en la repolissant.

CHAPITRE XXI.

De la nécessité de tailler les Diamants d'une maniere parfaite, & des conséquences qui résultent de la pratique contraire.

CE que nous venons de dire des qualités supérieures des Diamants, semble suffisant pour les rendre recommandables, & pour exciter à les travailler soigneusement, comme on y est engagé par honneur autant que par interêt, puisque l'on doit être convaincu de la nécessité de le faire, par les abus qui ont résulté de la pratique contraire. Pour mieux appuyer cette verité, je rappellerai une seconde fois l'observation que j'ai déja faite au sujet des petits Brillants; c'est qu'ils sont généralement si mal travaillés, que leur beauté & leur lustre sont entierement perdus, & qu'ils occupent en étendue un quart ou un tiers de moins qu'ils ne feroient s'ils étoient taillés comme il faut. Par consequent l'acheteur est privé d'un quart ou d'un tiers de l'apparence qu'auroient ces pierres si elles étoient bien taillées, & de la beauté & du lustre qui les accompagneroient. Les plus grosses pierres sont sujettes à ces mêmes défauts, & ils se trouvent aussi dans les grandes & les petites Roses.

Il faut présentement considerer ce qui a pu causer cette mauvaise habitude. La principale raison que j'en trouve, c'est que le public ayant conçu une idée favorable de ces pierres ainsi travaillées, parce qu'il pouvoit les acheter à beaucoup meilleur compte que des pierres bien taillées du même poids; cela a été cause que l'on a occupé beaucoup plus d'ouvriers, & qu'il y a eu plus de négoce. Il n'en a pas été de même en Angleterre; car depuis quelques années ce négoce a diminué de plus en plus, & les ouvriers sont restés sans occupation; ce qui a beaucoup appauvri tout le corps des ouvriers, & même les meilleurs: car les ouvriers Anglois sont connus pour être en parallele avec tous autres, pour ne pas dire qu'ils sont les meilleurs du monde (*a*). La raison pour laquelle ils ont été ainsi sans ouvrage, c'est qu'ils ont refusé de travailler selon cette mauvaise méthode, & qu'ils ne sauroient subsister des gages que l'on donne ailleurs; car dans les autres païs les meilleurs ouvriers ne sont pas si bien payés que les plus mauvais le sont en Angleterre.

Il faut donc convenir que nos voisins ont aggrandi leur commerce, & qu'ils ont occupé un plus grand nombre de mauvais ouvriers que nous. Considerons maintenant les conséquences qui doivent résulter d'un tel travail.

Si cela continue, le mépris que l'on a vu paroitre depuis quelque temps pour les Diamants, pourra augmenter; puisque c'est delà principalement qu'il a pris sa source, particulierement en Angleterre, & qu'il a été probablement entretenu par la belle apparence du cristal, communément appellé *le faux*, qui est depuis quelque temps à la mode, & à qui on a donné tous les embellissemens que le soin & l'art ont été capables de produire. Il faut avouer à la gloire des marchands & ouvriers, qu'ils

(*a*) C'est principalement dans cet endroit-ci & dans le reste du Chapitre, qu'il ne faut point perdre de vuë ce qui est dit dans le discours préliminaire au sujet de la prévention naturelle à tout homme en faveur de sa patrie, & qui ne détruit point les avantages dont les autres Nations peuvent être également douées.

y ont si bien réussi, que cette sorte d'ouvrage passe souvent pour des Diamants ; & s'ils prenoient les mêmes soins pour bien finir cette même sorte d'ouvrage pour les païs étrangers ; ces nations pourroient aussi prendre le même dégout pour les Diamants ; & alors, que deviendroit ce grand accroissement de leur commerce si vanté ? Au contraire, si l'on soutient la bonne méthode de tailler les Diamants, il est certain que leur lustre surpassera infiniment les foibles efforts du cristal, malgré toute l'adresse que l'on y pourroit apporter.

C'est assurément réduire ces précieux Bijoux, presque sur le même pied que cette marchandise, que de les dégrader par le mauvais travail ; cela surtout aboutit à détruire un fond de richesse commune, sert en même temps à décourager les plus grands artistes, & fait tort à des négociants judicieux, qui méprisent les richesses qu'ils pourroient gagner en s'abaissant à employer de si indignes artifices.

Mais nonobstant tout ce que je viens de dire pour montrer les fâcheuses conséquences d'une mauvaise maniere de tailler les Diamants, il est à craindre que ceux qui y ont trouvé jusqu'ici leur compte, ne continuent toujours la même méthode jusqu'à ce qu'ils n'y trouvent plus leur interêt. Pour prévenir un tel abus, j'ai donné les grandeurs des Brillants & des Roses, par lesquelles toutes personnes pourront connoitre si un Diamant est bien ou mal taillé ; & je crois que c'est le moyen le plus sûr pour y mettre ordre, jugeant que tous ceux qui ont pour une valeur considerable de Diamants, s'opposeront vivement à une pratique si dangereuse. Si cela est, l'on verra les personnes de rang & de consideration, & même celles de fortune, se distinguer par le lustre inimitable de leurs Bijoux ; & surement ils n'ont pas été faits à d'autres desseins. Mais on dira peut-être, que plusieurs personnes de distinction ou de fortune possedent de ces Diamants mal taillés, & que la perfection d'une meilleure fabrique sera cause que ces pierres paroitront pires qu'auparavant. J'en conviens : mais en même temps il faut savoir, qu'il est possible de rendre de telles pierres aussi parfaites que les plus belles, sans qu'elles souffrent la moindre diminution de leur étendue, & que des pierres ainsi rectifiées paroitront plus grandes à la vue que dans leur ancienne forme ; parce qu'étant plus étenduës, chaque partie de leur surface se verra plus clairement, & le poids qu'elles perdront sera récompensé par l'augmentation de la valeur du poids qui reste : car alors elles peseront autant qu'elles auroient du peser quand on les a vendu ; & par ce moyen on pourra rendre bons, des Diamants, qui auparavant n'étoient que très mediocres, parce qu'ils étoient trop chargés de poids, ce qui leur otoit leur vrai lustre. Si l'on se conforme à ce que je propose, on pourra rendre de tels diamants, d'une plus grande valeur qu'ils n'en avoient auparavant, & il n'en coutera que la dépense de les faire retailler. Cela sera plus désavantageux à ceux qui ont des petits Diamants, parce que presque toute leur valeur ne dépend que du travail de leur sertissure.

Il faut observer que les pierres colorées sont ordinairement les plus mal taillées, afin de pouvoir les donner à bon marché ; aussi sont-elles généralement méprisées, au lieu que pour les rendre plus estimables, elles devroient posséder tout ce qu'il est possible à l'art de leur donner. Toute pierre, telle que soit sa couleur, pourveu qu'elle ne soit ni tachée ni pailleuse, & qu'elle n'ait point d'autres défauts qui puissent lui oter son lustre, doit avoir toute la délicateſſe du travail. Il y en a plusieurs, qui, ſi elles étoient bien taillées, auroient autant ou même plus d'éclat & de luſtre que d'autres qui ont une plus belle couleur : c'eſt pourquoi, ſi quelque pierre taillée eſt ſuſceptible d'un changement avantageux pour ſon luſtre, il eſt très à propos qu'elle en profite, par rapport à l'honneur qu'elle fera à celui qui en ſera le poſſeſſeur, & à la réputation qu'une telle conduite apportera à cette ſorte de Bijoux. Je penſe que cela mérite quelqu'attention, puiſque l'on paroit eſtimer la perfection des Diamants, & qu'aucun ne ſauroit être regardé comme parfait, ſi l'on apperçoit la moindre imperfection dans ſon travail.

J'oſe dire, que la vraie méthode de tailler les Diamants, n'a jamais eu aucune regle certaine; & qu'on n'avoit aucune preuve pour s'aſſurer une méthode ſolide de les travailler, juſqu'à ce que ce Traité eût paru. Avant ce tems là c'étoient des diſputes continuelles par rapport à la vraie maniere de travailler les Diamants

Il faut avouer, que l'on a vu moins de ces diſputes parmi les plus habiles ouvriers; & de plus on ſait, que quand ils ont pu ſuivre leurs propres idées, leur pratique s'eſt trouvée preſque conforme aux regles que j'établis. Il faut croire qu'ils auroient toujours ſuivi ces maximes, s'ils avoient eu la liberté de demeurer attachés à leurs principes. Mais les vues intereſſées de ceux pour qui ils tailloient, les en ont empêché, & les ont obligé de travailler ſelon leurs intentions. Voilà la ſource de tant de Diamants fautifs, non ſeulement dans les pierres d'une moyenne grandeur, mais auſſi dans les plus conſiderables.

C'eſt pareillement la cauſe pourquoi le plus gros Diamant qui ait jamais paru en Europe, a été mal taillé; & s'il eſt préſentement dans le même état que quand il eſt ſorti de la main de l'ouvrier, je puis aſſurer qu'il eſt poſſible de le rendre parfait; & par ce moyen ſa forme ſera plus belle, ſon luſtre ſera plus grand, & ſa valeur augmentera, quoiqu'il diminue un peu de poids. Alors on pourra dire qu'il poſſede tout ce que la nature lui a donné, & qu'en même temps l'art a ſecondé la nature de tout ſon pouvoir.

Je ſuis en état de prouver ce que j'ai avancé, non ſeulement par deux plombs qui ont été moulés de cette pierre; l'un, quand elle étoit brute; & l'autre, quand elle a été taillée; mais encore par un témoignage inconteſtable.

Il ne faut pas s'étonner ſi cette pierre & d'autres gros Diamants ont ce défaut, parceque ceux qui avoient la conduite de leur taille, n'avoient d'autres lumieres que celle de ménager le plus qu'il leur étoit poſſible le poids de la pierre. C'étoit un bon défaut que celui de laiſſer trop de poids, parce que l'on peut oter le ſurplus quand on le jugera à propos. Je ne ſaurois m'imaginer que l'on veuille laiſſer préſentement une ſurabondance de poids, qui loin de rendre une pierre plus eſtimable, lui ote la beauté de ſa forme, & fait tort à ſa vivacité; ſurtout puiſque ſon étendue ne ſera pas diminuée, & qu'au contraire elle paroîtra plus grande qu'auparavant. Ce changement fera qu'une pierre ſera regardée comme bonne, qui auparavant n'étoit pas eſtimée telle; & comme le poids qui reſte; ſera plus eſtimable, la pierre vaudra autant ou même plus qu'auparavant. Ainſi il n'y a pas d'autre perte que celle que cauſera la dépenſe de la faire retailler.

CHAPITRE XXII.

De l'utilité des grandeurs dans l'achat des Diamants bruts.

AYANT suffiſamment conſideré l'utilité des grandeurs à l'égard des Diamants taillés, il faut montrer qu'elles ſont également utiles à l'égard des Diamants bruts, d'autant qu'elles aident à la connoiſſance de la perte qui peut ſe faire dans la taille de quelques Diamants que ce ſoit; & par conſéquent elles doivent ſervir beaucoup pour donner une juſte idée de leur valeur, parce qu'il n'eſt pas douteux qu'il y a des Diamants qui ſouffrent plus de perte que d'autres, ce qui provient de leurs differentes formes. Ainſi, pour donner une vraie connoiſſance de la valeur de quelque Diamant brut, le prix d'une pierre d'un K. qui ſeroit égale en bonté à la pierre dont on veut faire l'achat, en déterminera la valeur, de même que dans les Diamants taillés. Mais comme il eſt plus difficile de connoitre au juſte ce que vaudra un Diamant brut après qu'il ſera taillé; ſi l'acheteur eſt marchand, il faut qu'il agiſſe de précaution, & qu'il ſe réſerve un certain profit, en cas que la pierre ne réponde pas à ſon attente après qu'elle ſera taillée. Et ſi c'eſt une pierre d'une valeur conſiderable, il doit compter l'interêt de ſon argent, ſelon le temps qu'il peut juger être obligé de la garder. Ces précautions ſont les ſeuls moyens de ſe garantir contre le hazard & les riſques que l'on court dans l'achat des gros Diamants bruts. Par cette conduite, les négociants ſeront en état de les vendre au prix que les connoiſſeurs pourront les eſtimer ; & cette eſtimation eſt la ſeule choſe que doivent conſiderer ceux qui les achetent pour leur propre utilité (*a*). Propoſer aux acheteurs quelques autres conſiderations pour augmenter le prix d'un Diamant audelà de ſa juſte valeur, ce ſeroit, à mon avis, une foibleſſe, qui pourroit empêcher la vente d'une telle marchandiſe.

Mais il faut remarquer qu'il y a des cas ou des circonſtances qui peuvent juſtifier le marchand qui demande un prix conſiderable pour un Diamant. Une telle augmentation doit être regardée ſeulement comme occaſionnelle, & l'acheteur eſt libre d'acheter ou de s'en paſſer.

CHAPITRE XXIII.

Remarques ſur la taille Indienne des Diamants; & de la coutume de ces Peuples à l'égard des Diamants bruts.

Quoique nous ayons dit que les Indiens ſont bien au fait d'eſtimer les Diamants, nous allons montrer qu'ils n'ont ſur ces pierres aucune autre connoiſſance eſſentielle.

Il paroit par les pierres qui viennent de ce païs-là toutes taillées, qu'ils connoiſſent très peu la maniere de les tailler, parce qu'aucunes de ces pierres

(*a*) Les differens conſeils que l'Auteur donne dans ce Chapitre, ſemblent le mettre en contradiction avec lui-même, & ſurtout en oppoſition aux principes qu'il a établis. Mais il faut conſidérer que ce ſont des avis utiles à pratiquer dans le commerce, & indépendans de la Taille des Diamants.

ne ſont en état de ſervir, & ſont toujours taillées de nouveau, lorſqu'elles viennent en Europe. Je vais décrire leur forme, qui eſt de la maniere ſuivante. Elles ſont ordinairement mal formées, ou irrégulierement formées à la ceinture : leur ſubſtance, ou profondeur, eſt mal proportionnée : il y en a qui ont plus de ſubſtance ſur le haut de la pierre que dans le fond : leurs tables ſont rarement dans le centre, & leurs culaces de même : quelquefois les tables ſont d'une grandeur extraordinaire, & quelquefois trop petites : les culaces ſont de même, & rarement horizontales : les ceintures ſont ſouvent trop épaiſſes, & non unies : les facettes ne ſont pas régulieres, & quelqu'unes ne ſont pas bien polies. La ſeule choſe dont ils ont ſoin, eſt de conſerver la grandeur & le poids de la pierre. Et c'eſt une choſe dont il ne faut pas s'étonner, puiſqu'ils ne connoiſſent pas la beauté d'un Diamant bien taillé. Delà il paroit, qu'ils ne peuvent pas juger compétemment de l'état d'un ſeul Diamant brut. Par exemple, ils ne peuvent pas ſavoir de combien un Diamant diminuera en le taillant comme il faut. Si une pierre eſt colorée, ils ne peuvent pas ſavoir quel dégré de couleur ou de luſtre elle aura, quand elle ſera bien taillée. Voilà la raiſon pourquoi on ne ſauroit négocier avec eux que pour des quantités à la fois, & non pas pour une pierre ſeule.

Mais quand il y en a pluſieurs enſemble, le négoce eſt aiſé, parce qu'il ſe trouve des pierres de toutes ſortes de formes ; & comme les unes perdent plus, & les autres moins, ils devinent le mieux qu'ils peuvent : & pour ce qui eſt des autres propriétés, auxquelles ils ſont un peu plus connoiſſeurs, ils mettent prix ſur le tout, à proportion de leur poids ; l'un portant l'autre, ſelon la regle.

Delà on peut voir combien il est nécessaire aux Européens d'avoir une grande connoissance, parcequ'au moyen de l'ignorance de ces gens-là, ils peuvent quelquefois trouver des occasions très-avantageuses en achetant de grosses pierres. Nous avons déja parlé du soin qu'ont les Indiens de sauver le poids des Diamants; leur attachement à la coutume suivante le prouvera encore mieux.

Les Grands de ce pays là occupent un très-grand nombre d'Esclaves à la recherche des Diamants. Ils vendent les petits, & les moyens, & quelques uns des gros: mais quand ils sont assez heureux pour en trouver un d'une grosseur extraordinaire, ils le conservent comme un trésor, pour donner un plus grand renom à leur famille; & le chef de cette famille y fait percer un petit trou sur la surface. Quand il vient à mourir, son successeur en fait de même; & ainsi de l'un à l'autre: & plus une telle pierre à de trous, plus elle est estimée. Il est vrai que ces trous y feroient tort, en cas qu'on la voulût tailler: mais comme ils n'en ont pas le dessein, ils ne s'embarassent pas de cela; & tel accident qui puisse leur arriver, ils ont un grand soin de ne s'en pas défaire. S'ils prévoient la ruine de leur famille (ce qui arrive quelquefois dans la recherche des Diamants, qui devient très couteuse par le grand nombre d'Esclaves qu'il faut y employer), dans ce cas ils enterrent ces pierres, en sorte qu'on ne les voit jamais plus: car ils ne sauroient souffrir qu'aucune autre personne possede une chose qui leur a tant couté: & l'on dit que par rapport à cela il y a plusieurs gros Diamants qui sont perdus sans ressource, & d'autres dont ils ne se veulent jamais défaire.

On croit que cette coutume de les garder bruts provient de ce qu'ils craignent de perdre du poids &

de la grosseur en les faisant tailler : & cela est vrai, parceque de la façon dont ils les travaillent, ils sont dépourvus de lustre ; ainsi leur conduite à cet égard n'est point du tout déraisonnable. Mais il y a encore une autre raison, c'est le risque que courent les Diamants dans leur façon de les tailler, qui est beaucoup plus grand que dans celle d'Europe, parcequ'ils travaillent d'une maniére plus grossiere, surtout en polissant ; car, manque d'adresse, & faute de ces machines curieuses ou moulins dont on se sert en Europe, ils laissent trop de poids à leurs Diamants, ce qui fait qu'il leur est impossible de les bien polir.

Quoique la façon Indienne soit si mauvaise, il en vient cependant des pierres assez bien taillées & polies : mais on les suppose avoir été travaillées par des Européens, sur leurs moulins, & que ce sont les Indiens qui ensuite les ont vendues.

CHAPITRE XXIV.

Notice de quelques Auteurs qui ont ci-devant traité des Diamants & des Perles, & des progrès que l'on a faits depuis.

QUOIQUE ce que j'avance dans ce Traité, soit réellement le fruit des observations critiques que j'ai faites pendant plusieurs années dans le commerce des Diamants, tant bruts que polis, & que j'aie travaillé à cette recherche avec beaucoup de peines, de dépenses, & une perte considérable de mon tems ; j'ai été très satisfait de voir que mon sentiment s'accorde avec ce que j'ai trouvé depuis dans les écrits de plusieurs Auteurs célébres,

célébres, qui ont donné le principe pour évaluer les Diamants. Le premier ouvrage qui m'eſt tombé entre les mains, eſt celui de M. Tavernier, qui parle de ce principe dans ſes Voyages de Turquie, de Perſe & des Indes Orientales qu'il publia en 1670, & qui furent traduits en Anglois en 1678. Le ſecond Auteur eſt l'illuſtre M. Louis Robert, qui publia ce principe dans ſa Carte de Commerce en l'année 1638. Quelque temps après, je communiquai le principe d'évaluation que j'ai expoſé dans ce Traité, à un de mes amis qui étoit négociant & diamantaire, & qui avoit demeuré pluſieurs années au fort S. George. J'appris de lui, que les négociants des Indes (c'eſt-àdire, les naturels du Païs) avoient quelques règles établies pour eſtimer les Diamants, & qu'il croyoit qu'elles étoient les mêmes que celles que j'enſeignois. Quelques années après la lecture des Auteurs dont je viens de parler, il m'en vint un autre encore plus ancien, par le moyen d'un homme très ſtudieux, & très eſtimé parmi les gens de Lettres. Cet Auteur s'appelle *Jean Arphe de Villa fane*; il parle du principe de l'évaluation dans ſon Traité intitulé, *l'Etalon de l'or, de l'argent & des pierres précieuſes* (*a*), imprimé en Eſpagne en 1572, avec Privilege du Roi d'Eſpagne. Ces Ecrivains ont tâché d'établir des règles pour la taille des Diamants; mais il faut remarquer que non ſeulement ce qu'ils ont écrit eſt très imparfait, mais auſſi que l'art de faire des Brillants n'étoit pas encore inventé alors, découverte eſſentielle pour ſauver le poids que l'on perdoit autrefois en taillant tout Diamant brut en

(*a*) Son titre en Eſpagnol eſt: *Quilatador de la Plata, oro, y Piedra, per Joan de Arphe Villafana.* Ce livre eſt fort rare: il y en a une autre Edition faite à Madrid en 1598. in-16.

tables & en roses. Et pour éviter cette perte, autant qu'il étoit possible, on laissoit un poids inutile: de plus, pour sauver le poids, on scioit les Diamants bruts pour en faire des Roses, & surtout ceux qui n'avoient pas de coins. Mais cette pratique étoit beaucoup plus couteuse, & faisoit perdre beaucoup plus de poids que l'on ne fait depuis l'invention des Brillants; cette derniere maniére de tailler étant plus convenable à presque toutes les pierres.

Ces observations font voir, que quand même la justesse des Roses & des Tables auroit été connue dans les temps passés, ce qui ne paroit pas avoir été; l'avantage qu'on en pouvoit retirer en prévenant les défauts de la taille, ne répondoit point à celui qu'on retire de celle des Brillants; puisque cette taille rend le systême entierement complet; & non seulement sauve le poids, autant qu'il est possible, mais en fait connoître au juste la perte, comme nous avons ci-devant remarqué; ce qui n'a pu être connu que depuis que nous avons des règles certaines. Le défaut de ces règles a été surement la cause de l'ignorance où l'on étoit au sujet de la taille & de l'évaluation des Diamants.

Il faut présentement traiter des Perles.

CHAPITRE XXV.

De la perfection & de l'imperfection des Perles.

LES Perles sont d'une grande importance, & tiennent le premier rang après les Diamants, comme elles forment après eux la plus grande richesſe. La premiere choſe qu'il faut remarquer à leur égard, c'eſt que toute la beauté qu'elles poſſedent, eſt l'ouvrage de la nature, & qu'elles ne ſont ſuſceptibles d'aucun embelliſſement de l'art, circonſtance qui les rend plus eſtimables. Celles qui ont la plus belle forme, ſont parfaitement rondes, & par là ſont propres pour des colliers, des bracelets, des ornements à mettre dans les cheveux, & pour d'autres ſemblables uſages. Néanmoins, ſi une Perle d'une groſſeur conſidérable a la forme d'une poire, on ne la regarde pas comme imparfaite, parcequ'elle eſt de la forme qu'il faut pour un pendant d'oreille, pour des ſolitaires, & pour d'autres ornemens ſemblables. Il faut que les Perles ſoient bien unies; & que leur couleur ſoit d'un blanc de lait, non pas mate & languiſſante, mais claire & animée, & ſans aucune tache abſolument. Les Perles ainſi formées, ſont les plus eſtimées & les plus précieuſes.

Les Perles ſont défectueuſes, quand elles ſont rudes, ou tachées, ou mates, ſoit que ces défauts proviennent de la nature ou de quelqu'accident, ou de ce qu'elles ſont vieilles ou uſées: quand elles ſont d'une forme irréguliere, c'eſt-à-dire, quand elles ſont plates ou creuſes, ou raboteuſes, ou boſſelées: quand elles ſont teintes de quelque couleur que ce ſoit, comme de jaune, de bleu, de verd, de brun, ou d'une couleur de fer: c'eſt auſſi une imperfection que d'avoir le trou percé trop gros, ou les bords du trou applatis par un long uſage. Ces défauts cauſent une difference conſidérable dans la valeur des Perles qui ſeroient de la même groſſeur & du même poids.

CHAPITRE XXVI.

De la regle d'évaluer les Perles.

LA seule règle pour évaluer les Perles, est par le quarré de leur poids, de même que pour les Diamans; la nature les produisant de la même maniere, c'est-à-dire, un grand nombre de petites, & progressivement un plus petit nombre de grosses. Sur ce principe j'ai fait deux Tables pour les prix des Perles. La premiere de ces Tables contient 8 pages, qui sont pour les Perles d'un K. & audessous, de 8 differentes valeurs, dans les Planches XVII. XVIII. XIX. XX. XXI. XXII. XXIII· XXIV. L'explication de la premiere page de ces Tables sert aussi pour les sept autres. La premiere colonne contient le nombre de Perles compris dans une once, depuis les Perles d'un K, jusqu'à celles qui ne pesent que la trente-deuxiéme partie d'un K. La seconde colonne contient la diminution de leur poids depuis les Perles d'un K, jusqu'à celles de la trente-deuxiéme partie d'un K. La troisiéme contient leurs differents prix, depuis une Perle d'un K. à 2 sch. jusqu'à celles de la $\frac{3}{128}$ e partie d'un f. La quatriéme contient le prix d'une once, à raison de 2 sch. par K. qui est 15 l. st. jusqu'au plus bas prix, qui est 9 sch. 4 s. $\frac{1}{2}$. La seconde Table est pour les Perles depuis celles d'un K. & audessus, jusqu'à celles de 100 K. Elle est comprise dans les Planches XXV. XXVI. XXVII. XXVIII. XXIX. & XXX. Les prix des Perles dans cette Table sont fondés sur la supposition du prix ordinaire des Perles, tant bonnes que mauvaises, l'une portant l'autre ; il est de 8 sch. par K. ce qui est le premier article. Cette table sera donc de la même utilité pour les Perles, que celle des Diamants l'est pour les Diamants. Car si une Perle excelle en beauté, ou se trouve audessous de celles d'une médiocre beauté, l'augmentation ou la diminution du prix d'une telle Perle, tel que soit son poids, doit être tant pour 100, selon que la connoissance dirigera ; ce qui ote l'embaras de calculer selon la règle. Je vais donner l'exemple suivant pour faire voir l'utilité de cette Table.

Premier Exemple. Si l'on demande la valeur d'une Perle de 4. K. $\frac{7}{8}$ que nous supposerons être 10 pour 100, meilleure qu'une du prix moyen, on trouvera par la Table, que son prix est 9 l. st. 19 sch. 1 s. $\frac{1}{2}$; puis ajoutez 19 sch. qui est le produit de 10 pour 100. Cela rend sa valeur à 10 l. st. 9 sch. 1 s. $\frac{1}{2}$.

Pour trouver le premier prix par la règle, il faut réduire les 4 K. $\frac{7}{8}$ en grains, qui font 39. Alors multipliez 39 par 39, cela fait 1521, qui est le quarré de son poids en seiziémes. Ainsi divisez 1521 par 16, cela donne 95 grains ; & alors divisez 95 par 4, cela produit des K. & fait 23 K. 3 grains & $\frac{1}{16}$ de grain, qui a 8 sch. par K. vaut 9 l. st. 10 sch. 1 s. $\frac{1}{2}$.

Comme j'ai donné une autre méthode pour trouver la valeur des Diamants., je la trouve aussi applicable aux Perles, & je vais m'en servir pour un exemple.

Second Exemple. Voyez ce que vaut une Perle de 4 K. $\frac{7}{8}$ à 8 sch. par K. On trouve qu'elle montera à 39 sch. Ainsi multipliez 39 par 4, le produit est 156 sch. ou 7 l. st. 16 sch. puis ajoutez la valeur de $\frac{7}{8}$ de 39 sch. c'est 1 l. st. 14 sch. 1 s. $\frac{1}{2}$; additionnez ces deux sommes ensemble, le total ſera 9 l. ſt. 10 ſch. 1 ſ. ½. Ainſi les deux Totaux ſont les mêmes, & s'accordent de prix avec une Perle du même poids dans la Table. Cette ſomme étant le prix moyen, il faut 10 pour 100, qui eſt 19 ſch. Ainſi la valeur d'une telle Perle eſt 10 l. ſt. 9 ſch. 1 ſ. ½.

Ces exemples montrent, qu'il eſt bien plus aiſé de trouver la valeur d'une Perle par la Table, dont l'utilité ſe verra plus clairement, ſi on conſidere le nombre des Perles, & le peu de valeur de chacune en particulier, quoiqu'il n'en ſoit pas de même à l'égard de la quantité. Remarquez bien que leur valeur en comparaiſon des Diamants, eſt comme 8 ſch. ſont à 8 l. ſt.

Comme l'uſage de la Table paroît le plus court chemin pour connoître la valeur de quelque Perle ſeule, je vais pareillement montrer ſon utilité, pour faire l'eſtimation d'une quantité de Perles enſemble.

Par exemple, ſuppoſons pluſieurs Perles (n'importe le nombre & le poids) qui different en bonté, ou qualité; il faut premierement les peſer toutes enſemble. Quand on en ſaura le poids en totalité, il faut les compter. Après cela, voyez ce qu'elles peſeroient chacune, ſi elles étoient toutes du même poids; & puis tâchez de les eſtimer le mieux qu'il ſera poſſible à tant par K, comme ſi c'étoit un mélange: enſuite voyez ce que vaut une Perle du même poids qu'elles peſeroient, ſi elles étoient toutes d'une même grandeur & d'un même poids; alors eſtimez la valeur du tout ſelon le prix de cette Perle, & cela donnera la valeur du tout. Pour expliquer cet exemple, ſuppoſons 9 Perles de neuf différents poids, & qui ne ſoient pas d'égale beauté, mais qui étant compriſes enſemble, vaillent 8 ſch. le K, l'une portant l'autre. Comme ce prix supposé s'accorde avec la Table, nous tirerons l'exemple delà, & nous commencerons par le premier article, comme il s'ensuit.

La	Karats.				l. st.	sch.	s.	
1ere. . .	1	0	0	0	0	8	0	0
2 . . .	1	0	0	$\frac{1}{8}$	0	10	1	$\frac{1}{2}$
3 . . .	1	0	$\frac{1}{5}$	0	0	12	6	0
4 . . .	1	0	$\frac{1}{4}$	$\frac{1}{8}$	0	15	1	$\frac{1}{2}$
5 . . .	1	$\frac{1}{2}$	0	0	0	18	0	0
6 . . .	1	$\frac{1}{2}$	0	$\frac{1}{8}$	1	1	1	$\frac{1}{2}$
7 . . .	1	$\frac{1}{2}$	$\frac{1}{4}$	0	1	4	6	0
8 . . .	1	$\frac{1}{2}$	$\frac{1}{4}$	$\frac{1}{8}$	1	8	1	$\frac{1}{2}$
9 . . .	2	0	0	0	1	12	0	0
Les 9 perles pesent 13 K. $\frac{1}{2}$ & valent					8 l. st.	9 sch.	6 s.	0

Les neuf Perles dont je viens de parler, pesent 13 K $\frac{1}{2}$, & peseroient chacune 1 K $\frac{1}{2}$. si elles étoient toutes du même poids, dont le prix dans la Table est 18 sch. ainsi multipliez 18 par 9, qui est le nombre des Perles, cela fait 162 sch. ou 8 l. st. 2 sch.

Leur valeur, en les estimant selon leur différend poids, comme nous avons fait ci-dessus, est 8 l. st. 9 sch. 6 s. qui est 7 sch. 6 s. plus que par l'autre méthode; & cela est causé par la perte des dixiémes : & quoique dans cette somme cela fasse une assez grosse différence, cependant cela n'est point du tout considérable dans une plus grosse somme, quoique les Perles soient de même estimées à 8 sch. le K, & pour preuve en voici un exemple.

La	Karats.				l. ft.	fch.	f.	
1ere	6	0	0	0	14	8	0	0
2	6	0	0	$\frac{1}{8}$	15	00	1	$\frac{1}{2}$
3	6	0	$\frac{1}{4}$	0	15	12	6	0
4	6	0	$\frac{1}{4}$	$\frac{1}{8}$	16	5	1	$\frac{1}{2}$
5	6	$\frac{1}{2}$	0	0	16	18	0	0
6	6	$\frac{1}{2}$	0	$\frac{1}{8}$	17	11	1	$\frac{1}{2}$
7	6	$\frac{1}{2}$	$\frac{1}{4}$	0	18	4	6	0
8	6	$\frac{1}{2}$	$\frac{1}{4}$	$\frac{1}{8}$	18	18	1	$\frac{1}{2}$
9	7	0	0	0	19	9	6	0
Les 9 perles pesent 58 K. $\frac{1}{2}$ & valent					152	9	6	0

Les neuf Perles dont je viens de parler, pesent 58 K. $\frac{1}{2}$, & peseroient chacune 6 K. $\frac{1}{2}$, si elles étoient toutes de même poids, dont le prix dans la Table est 16 l. ft. 18 sch. Premierement, multipliez 9 par 16 l. ft. cela fait 144 l. ft. ensuite multipliez 9 par 18 sch. c'est 8 l. ft. 2 sch. additionnez les deux sommes ensemble, & le total sera 152 l. ft. 2 sch. qui est 7 sch. 6 f. moins que la somme ci-dessus, dont le total est 152 l. ft. 9 sch. 6 f. Mais si la somme étoit encore plus grosse, la différence ne seroit presque rien, dautant que l'on ne sauroit juger de la valeur d'une Perle, avec une si grande justesse. A l'égard de ce que je viens de dire au sujet de la commodité de cette Table, j'en aurois pu dire autant au sujet de celle des Diamants; mais cela ne m'a point paru néçessaire : ainsi pour éviter les répétitions, je n'en ai point parlé.

Comme l'utilité de cette Table a été suffisamment démontrée, il reste à remarquer qu'en s'en servant, ou en se servant de quelqu'autre méthode, le plus haut prix d'une Perle d'un K, ne peut être que de 16 sch. quand le prix moyen est de 8 sch. ni les moindres ne sauroient être à plus bas prix que 2 sch. parce que celles audessous de cette valeur ne méritent pas le nom de Bijoux. Je crois qu'en voilà suffisamment pour occuper l'examen & le jugement; quoique je m'imagine que tous ceux qui sont connoisseurs, seront d'accord avec moi dans leurs sentimens au sujet de la valeur d'une Perle d'un K. de même que dans le cas des Diamants, puisque l'on peut connoître la valeur d'une Perle de tel poids que ce soit, par la valeur d'une autre Perle d'un K. qui lui est semblable en toutes choses; ou bien on peut dire au sujet des Perles, ce qui a été dit au sujet des Diamants, savoir que chaque Perle doit être estimée, suivant sa valeur par K. selon la règle d'estimation.

Remarque. Il faut observer, que ce que nous supposons au sujet de l'accord de sentimens entre les Jouailliers judicieux, à 5 ou 10 pour 100 de la valeur des Perles & des Diamants d'un K. par où l'on connoît la valeur de quelqu'autre de tel poids que ce soit; cela s'entend seulement de leur naturelle & juste valeur; & que quand le prix est plus haut, il doit être regardé comme occasionnel. Et si les personnes qui les achetent pour leur usage propre, pouvoient être assurées de leur juste valeur, elles seroient portées à en donner le juste prix. Cela doit nécessairement faciliter le commerce; & je suis fort porté à croire, que si cela avoit été connu au tems passé, plusieurs Bijoux de prix qui sont demeurés bien des années entre les mains de gens qui les avoient achetés pour en faire leur profit, auroient été vendus à l'avantage de leurs propriétaires.

Après avoir montré la nécessité qu'il y a, que les négociants en Bijoux soient parfaitement instruits de ce qui regarde leur profeſſion, j'eſpere qu'ils ne laiſſeront échapper aucune occaſion qui puiſſe leur donner des lumieres, parce que cela les rendra un corps très-avantageux à la ſociété, & relevera leur mérite, qui depuis longtems a ſuccombé ſous le poids des reproches qu'on leur a faits.

Il ne ſera pas hors de propos de remarquer, que quelque connoiſſance que l'on ait de la juſte valeur des Bijoux, elle n'empêchera pas que ceux qui les achetent pour leur propre uſage, n'y faſſent de la perte : mais elle diminuera les pertes auxquelles le public a été ſujet, faute de cette connoiſſance. Il n'eſt cependant pas douteux que l'on n'eſſuye encore quelque perte, ſelon les circonſtances : en voici la preuve.

CHAPITRE XXVII.

Obſervations ſur les pertes que l'on ſuppoſe arriver dans l'achat des Bijoux.

LA dépenſe que l'on fait à certaines piéces de Jouaillerie, emporte une très grande partie du prix ; & la dépenſe eſt ordinairement plus groſſe lorſqu'il y a le moins de valeur en Diamants ; comme dans les piéces où l'on employe un grand nombre de petits Diamants. Quand on veut revendre une telle piéce, il faut en déduire la dépenſe du travail, ſi ce Bijou eſt avili par l'uſage, ou par quelque accident, ou qu'il ne ſoit plus de mode.

Il faut ſuppoſer qu'il eſt abſolument néceſſaire qu'un Jouaillier employe dans ſon commerce une ſomme très conſidérable, laquelle fort ſouvent ne lui rentre pas. C'eſt pourquoi il faut que ceux qui achetent pour leur uſage propre, y faſſent de la perte; & encore plus dans l'achat des gros Diamants, quoique la dépenſe de les ſertir ſoit moindre. La raiſon eſt, qu'ils reſtent plus longtemps entre les mains des Jouailliers, que les petits; ainſi les Jouailliers ne peuvent pas les donner à une valeur auſſi juſte que les petits, attendu que ces derniers ſont vendus plus promptement.

Cela étant, les perſonnes de rang & de fortune qui ne ſont pas retenues par une perte raiſonnable, ou par l'intérêt de leur argent, ſont les plus propres à acheter des Bijoux; l'argent que ces perſonnes dépenſent pour cela, ne peut pas plus être regardé comme luxe, que celui qu'elles dépenſent à garnir leurs buffets & leurs cabinets, & en d'autres ornements d'or & d'argent. On dira peut-être, que ces derniers Bijoux ſont plus utiles & plus néceſſaires que les premiers. A quoi on répond, qu'on peut ſuppléer à leur uſage à beaucoup meilleur compte : ainſi le deſſein de briller & de ſe faire honneur, eſt le ſeul motif de cette dépenſe. Il en eſt de même des Bijoux en Diamants, ou en Perles. Si les pertes qui ſe font deſſus, ſont une raiſon pour n'en pas acquérir, cette raiſon ſe trouvera auſſi forte contre les Bijoux d'or & d'argent, par rapport aux modes, dont le travail emporte du moins le quart ou même le tiers de l'achat.

J'oſe me flatter qu'à l'avenir la perte ſur les Diamants & les Perles ne ſurpaſſera pas celle là, quoiqu'au temps paſſé il en ait été autrement, comme il paroît par les exemples que nous avons déja cités, & qui montrent que l'on ne pouvoit pas retirer plus d'un tiers ou même d'un quart du prix que ces Bijoux avoient coutés; ce qui provenoit de ce que les Jouailliers n'en connoiſſoient pas la juſte valeur. Or il n'en sera plus de même à l'avenir, puisqu'il est évident que les négociants seront en état de parvenir à la connoissance de leur juste valeur, en les estimant selon ce qu'ils vaudront par K. au moyen de la règle que nous avons donnée. Cela étant, toute autre personne pourra de même connoître la valeur de quelque Diamant ou Perle que ce soit, en s'adressant à un habile Jouaillier, pour savoir ce qu'ils valent par K.

De plus, cela empêchera toutes sortes de personnes d'être obligées de vendre leurs Bijoux à une aussi grande perte que celle dont nous venons de parler, parce qu'elles aimeront mieux les mettre en gage, & attendre une occasion plus favorable pour s'en défaire; & la connoissance de leur valeur sera cause qu'elles trouveront mieux à emprunter dessus si l'occasion le demande. Ainsi, comme les négociants entendus seront très-utiles dans l'estimation des Bijoux, il est juste qu'en pareil cas leurs peines soient récompensées. Ces précautions aideront à soutenir la valeur des Bijoux; elles rendront tous les biens de cette nature une possession solide, exclusivement aux déductions ci-devant annoncées; & elles en feront des richesses propres à des personnes de condition & de fortune, dans tous païs, surtout si les païs s'enrichissent; parceque, à mesure que les richesses augmentent, l'achat des revenus renchérit, & par conséquent l'argent perd de sa valeur.

Par Exemple, si l'on étoit obligé de donner 300 l. st. pour le même revenu que l'on auroit pû acheter autrefois pour 200; il est clair que 300 sont réduits à la valeur de 200. Si cela est un mal, le meilleur remede que l'on y puisse apporter, est de dépenser la surabondance de son argent à l'achat des Bijoux, puisqu'ils sont un trésor durable, sans cependant apporter aucun profit, & qu'ils se trouveront toujours utiles dans toutes calamités, soit publiques, soit particulieres. Nous sommes assez heureux pour n'avoir aucun sujet de craindre les premieres.

C'est à la grande dépense que les Indiens sont obligés de faire pour trouver les Diamants, qu'il faut attribuer les particularités que l'on a remarqué ci-devant, en parlant de l'utilité des Bijoux, & surtout des Diamants, pour les personnes de distinction & de fortune ; ainsi que ce que l'on a observé sur la conduite des Indiens pour soutenir le prix des Diamants, par la coutume qu'ils ont de les retirer, lorsqu'ils voyent que les acheteurs leur en offrent trop peu. Car quoique l'on travaille dans les Indes pour un très bas prix, cependant, comme le remarque M. Tavernier & d'autres Voyageurs, la grande quantité de personnes que l'on est obligé d'employer, rend la recherche des Diamants très couteuse, & même très risquable. Et quoique l'Inde & le Brésil ayent fournis à l'Europe depuis vingt ans, des Diamants en plus grande abondance, qu'il n'en étoit jamais venu les années précédentes ; cependant le prix de ce qui vient annuellement, est toujours audessous de deux cent mille liv. st. Considerant de plus, qu'il y a des païs qui connoissoient à peine autrefois ce que c'étoit que les Diamants, & qui sont présentement dans l'habitude de s'en servir, & qui en achetent surtout des espèces les plus communes ; ce qui est une circonstance très avantageuse, & qui montre que le goût de certains païs, qu'il est inutile que je nomme, est beaucoup rafiné ; toutes ces circonstances bien pesées, & supposant que les mines du Brésil ne produisent plus rien ; toutes ces circonstances, dis-je, doivent détruire le soupçon que l'on a eu, que cette partie du monde est tellement remplie de Diamants, que leur prix doit nécessairement tomber, ainsi que certaines gens le croyent.

Jugeant que ces considérations sont suffisantes pour dissiper de telles appréhensions, je ne m'y arrêterai pas davantage, & je me contenterai de dire qu'il n'y a pas lieu maintenant de craindre rien de semblable, puisque le prix des Diamants a augmenté depuis peu (j'entens en Europe seulement). La raison en est, que beaucoup de Bijoux considérables, que certains Princes avoient engagés entre les mains des usuriers, par rapport aux dépenses qu'ils avoient été obligés de faire durant les dernieres guerres, sont retournés à leurs possesseurs, depuis la paix, qui a mis ceux-ci en état, non seulement de les dégager, mais encore d'en acheter d'autres. Cela prouve qu'il vaut mieux engager des Bijoux, que de les vendre audessous de leur valeur, supposé que la nécessité ne force pas à prendre ce dernier parti; à quoi il n'est pas croyable que des personnes d'un haut rang, ou d'une grande fortune, soient jamais réduites; parce que, si l'occasion présente les oblige à les engager, il arrive toujours que le temps leur fournit par la suite les moyens de les retirer.

CHAPITRE XXVIII.

Conclusion.

TEL est l'important sujet que je viens de traiter; & je me flatte que les augmentations que j'ai faites à cette Edition, non seulement serviront d'explication à la premiere, mais aussi aideront à donner de la force à ce qu'elle contient. Je les y aurois ajoutées alors, si j'en eusse vu la necessité; mais je n'en ai été convaincu que depuis peu; & je crois que si je ne les eusse pas publiées, il auroit manqué quelque chose à mon dessein, qui est de communiquer une vérité & une connoissance, qui sont si utiles au public, & en particulier à tous les négociants, d'établir leur réputation, & de procurer leur avantage; de perfectionner le travail des Diamants, & de rétablir leur fabrique, presque perdue dans ce Royaume (*a*), qui avoit autrefois la plus grande partie de ce négoce, & qui l'avoit porté à un plus haut dégré qu'aucune autre nation. Il est encore en état d'en faire de même, si on le permet, & c'est ce que j'espere voir exécuté.

La perte de cette fabrique & de tout le négoce, est provenue de la mauvaise maniére que l'on a de travailler dans les autres païs (*b*); ce qui fait que les Etrangers peuvent vendre les Diamants à bien meilleur compte que s'ils étoient bien taillés. Par ce moyen ils sont devenus maîtres de cette fabrique, & de tout le commerce qui en dépend.

Cette mauvaise façon a été aussi encouragée par quelques négociants de Londres, qui, depuis quelques années, ont vendus les trois quarts ou plus de ces Diamants étrangers, au grand deshonneur de ceux qui les portent : ce qui me paroît être un affront à la noblesse de ce Royaume, & ne montre que très peu d'attachement à l'intérêt commun. Je suis mortifié de me voir obligé de faire cette

(*a*) L'Angleterre. On se souviendra toujours d'être en garde contre le préjugé national de l'Auteur.

(*b*) Si ce reproche particulier interesse le commerce de France; bien loin de s'en fâcher, on doit savoir gré à un Etranger, qui nous fait remarquer un défaut, dont il n'est pas douteux qu'on peut se corriger en France.

remarque, ainsi que quelques autres qui n'ont pu m'échaper; mais que je suis sûr qui ne choqueront point les personnes impartiales & judicieuses. Je ne doute pas que ce que ces personnes trouveront de nouveau dans cette Edition, ne leur soit agréable, puisqu'il servira à fixer le prix des Bijoux, qui sont une si importante richesse, & à en déterminer la valeur par des règles certaines & fondées sur la raison; au lieu que jusqu'ici cette valeur n'a été déterminée que par fantaisie & par caprice. Je suis d'autant plus porté à espérer l'approbation de telles personnes, que ma premiere Edition a été bien reçue non seulement de la noblesse, mais aussi des négociants. J'ai même le plaisir de voir que les principes que j'établis, gagnent de jour en jour, & qu'il en résulte une augmentation considérable du négoce, fait selon la meilleure méthode de tailler les Diamants.

Etant intérieurement persuadé de n'avoir pris dans ce Traité aucune liberté défendue, mais d'avoir recherché de tout mon pouvoir la vérité & la justesse des choses, je ne fatiguerai le Lecteur d'aucune justification de ma conduite. A l'égard des imperfections de stile, qui s'y pourront trouver, j'espere que les personnes de bonne foi voudront bien n'y pas regarder de si près, puisque je ne prétens pas avoir le talent d'écrire. Tout mon dessein a été de présenter mes idées de la maniére la plus claire qu'il m'a été possible; & je me flatte que cela fera excuser les défauts d'expression qui pourroient se trouver dans mon Livre.

FIN.

Dépense

Dépense qu'il faut faire pour tailler des Brillants bien proportionnés.

	par Karat.		
Karats.	l. ſt.	ſch.	ſ.
1	1	0	0
2	1	2	6
3	1	5	0
4	1	7	6
5	1	10	0
10	2	2	6
15	2	15	0
20	3	7	6
25	4	0	0
30	4	12	6
35	5	5	0
40	5	17	6
45	6	10	0
50	7	2	6
55	7	15	0
60	8	7	6
65	9	0	0
70	9	12	6
75	10	5	0
80	10	17	6
85	11	10	0
90	12	2	6
95	12	15	0
100	13	7	6

Dépense qu'il faut faire pour la taille des Brillants étendus.

	par Karat.		
Karats.	l. ſt.	ſch.	ſ.
1	1	5	0
2	1	8	1 ½
3	1	11	3
4	1	14	4 ½
5	1	17	6
10	2	13	1 ½
15	3	8	9
20	4	4	4 ½
25	5	0	0
30	5	15	7 ½
35	6	11	3
40	7	6	10 ½
45	8	2	6
50	8	18	1 ½
55	9	13	9
60	10	9	4 ½
65	11	5	0
70	12	0	7 ½
75	12	16	3
80	13	11	10 ½
85	14	7	6
90	15	3	1 ½
95	15	18	9
100	16	14	4 ½

Dépense qu'il faut faire pour tailler des Roses bien proportionnées.				Dépense qu'il faut faire pour la taille des Roses étendues.			
	par Karat.				par Karat.		
Karats	l. st.	sch.	s.	Karats	l. st.	sch.	s.
1	0	15	0	1	1	0	0
2	0	16	10 ½	2	1	2	6
3	0	18	9	3	1	5	0
4	1	0	7 ½	4	1	7	6
5	1	2	6	5	1	10	0
10	1	11	10 ½	10	2	2	6
15	2	1	3	15	2	15	0
20	2	10	7 ½	20	3	7	6
25	3	0	0	25	4	0	0
30	3	9	4 ½	30	4	12	6
35	3	18	9	35	5	5	0
40	4	8	1 ½	40	5	17	6
45	4	17	6	45	6	10	0
50	5	6	10 ½	50	7	2	6
55	5	16	3	55	7	15	0
60	6	5	7 ½	60	8	7	6
65	6	15	0	65	9	0	0
70	7	4	4 ½	70	9	12	6
75	7	13	9	75	10	5	0
80	8	3	1 ½	80	10	17	6
85	8	12	6	85	11	10	0
90	9	1	10 ½	90	12	2	6
95	9	11	3	95	12	15	0
100	10	10	7 ½	100	15	7	6

Poids.	Prix.			Poids.	Prix.		
Karats	l. ſt.	ſch.	ſ.	Karats	l. ſt.	ſch.	ſ.
1	8	0	0	4 3/8	153	2	6
1 1/8	10	2	6	4 1/2	162	0	0
1 1/4	12	10	0	4 5/8	171	2	6
1 3/8	15	2	6	4 3/4	180	10	0
1 1/2	18	0	0	4 7/8	190	2	6
1 5/8	21	2	6	5	200	0	0
1 3/4	24	10	0	5 1/8	210	2	6
1 7/8	28	2	6	5 1/4	220	10	0
2	32	0	0	5 3/8	231	2	6
2 1/8	36	2	6	5 1/2	242	0	0
2 1/4	40	10	0	5 5/8	253	2	6
2 3/8	45	2	6	5 3/4	264	10	0
2 1/2	50	0	0	5 7/8	276	2	6
2 5/8	55	2	6	6	288	0	0
2 3/4	60	10	0	6 1/8	300	2	6
2 7/8	66	2	6	6 1/4	312	10	0
3	72	0	0	6 3/8	325	2	6
3 1/8	78	2	6	6 1/2	338	0	0
3 1/4	84	10	0	6 5/8	351	2	6
3 3/8	91	2	6	6 3/4	364	10	0
3 1/2	98	0	0	6 7/8	378	2	6
3 5/8	105	2	6	7	392	0	0
3 3/4	112	10	0	7 1/8	406	2	6
3 7/8	120	2	6	7 1/4	420	10	0
4	128	0	0	7 3/8	435	2	6
4 1/8	136	2	6	7 1/2	450	0	0
4 1/4	144	10	0	7 5/8	465	2	6

Poids.	Prix.			Poids.	Prix.		
Karats	l. st.	sch.	s.	Karats	l. st.	sch.	s.
7 3/4	480	10	0	11 1/8	990	2	6
7 7/8	496	2	6	11 1/4	1012	10	0
8	512	0	0	11 3/8	1035	2	6
8 1/8	528	2	6	11 1/2	1058	0	0
8 1/4	544	10	0	11 5/8	1081	2	6
8 3/8	561	2	6	11 3/4	1104	10	0
8 1/2	578	0	0	11 7/8	1128	2	6
8 5/8	595	2	6	12	1152	0	0
8 3/4	612	10	0	12 1/8	1176	2	6
8 7/8	630	2	6	12 1/4	1200	10	0
9	648	0	0	12 3/8	1225	2	6
9 1/8	666	2	6	12 1/2	1250	0	0
9 1/4	684	10	0	12 5/8	1275	2	6
9 3/8	703	2	6	12 3/4	1300	10	0
9 1/2	722	0	0	12 7/8	1326	2	6
9 5/8	741	2	6	13	1352	0	0
9 3/4	760	10	0	13 1/8	1378	2	6
9 7/8	780	2	6	13 1/4	1404	10	0
10	800	0	0	13 3/8	1431	2	6
10 1/8	820	2	6	13 1/2	1458	0	0
10 1/4	840	10	0	13 5/8	1485	2	6
10 3/8	861	2	6	13 3/4	1512	10	0
10 1/2	882	0	0	13 7/8	1540	2	6
10 5/8	903	2	6	14	1568	0	0
10 3/4	924	10	0	14 1/8	1596	2	6
10 7/8	946	2	6	14 1/4	1624	10	0
11	968	0	0	14 3/8	1653	2	6

Poids.	Prix.			Poids.	Prix.		
Karats	l. st.	sch.	s.	Karats	l. st.	sch.	s.
14 1/2	1682	0	0	17 3/4	2520	10	0
14 5/8	1711	2	6	17 7/8	2556	2	6
14 3/4	1740	10	0	18	2592	0	0
14 7/8	1770	2	6	18 1/8	2628	2	6
15	1800	0	0	18 1/4	2664	10	0
15 1/8	1830	2	6	18 3/8	2701	2	6
15 1/4	1860	10	0	18 1/2	2738	0	0
15 3/8	1891	2	6	18 5/8	2775	2	6
15 1/2	1922	0	0	18 3/4	2812	10	0
15 5/8	1953	2	6	18 7/8	2850	2	6
15 3/4	1984	10	0	19	2888	0	0
15 7/8	2016	2	6	19 1/8	2926	2	6
16	2048	0	0	19 1/4	2964	10	0
16 1/8	2080	2	6	19 3/8	3003	2	6
16 1/4	2112	10	0	19 1/2	3042	0	0
16 3/8	2145	2		19 5/8	3081	2	6
16 1/2	2178	0	0	19 3/4	3120	10	0
16 5/8	2211	2	6	19 7/8	3160	2	6
16 3/4	2244	10	0	20	3200	0	0
16 7/8	2278	2	6	20 1/8	3240	2	6
17	2312	0	0	20 1/4	3280	10	0
17 1/8	2346	2	6	20 3/8	3321	2	6
17 1/4	2380	10	0	20 1/2	3362	0	0
17 3/8	2415	2	6	20 5/8	3403	2	6
17 1/2	2450	0	0	20 3/4	3444	10	0
17 5/8	2485	2	6	20 7/8	3486	2	6

Poids.	Prix.			Poids.	Prix.		
Karats	l. st.	sch.	s.	Karats	l. st.	sch.	s.
21	3528	0	0	24 1/4	4704	10	0
21 1/8	3570	2	6	24 3/8	4753	2	6
21 1/4	3612	10	0	24 1/2	4802	0	0
21 3/8	3655	2	6	24 5/8	4851	2	6
21 1/2	3698	0	0	24 3/4	4900	10	0
21 5/8	3741	2	6	24 7/8	4950	2	6
21 3/4	3784	10	0	25	5000	0	0
21 7/8	3828	2	6	25 1/4	5100	10	0
22	3872	0	0	25 1/2	5202	0	0
22 1/8	3916	2	6	25 3/4	5304	10	0
22 1/4	3960	10	0	26	5408	0	0
22 3/8	4005	2	6	26 1/4	5512	10	0
22 1/2	4050	0	0	26 1/2	5618	0	0
22 5/8	4095	2	6	26 3/4	5724	10	0
22 3/4	4140	10	0	27	5832	0	0
22 7/8	4186	2	6	27 1/4	5940	10	0
23	4232	0	0	27 1/2	6050	0	0
23 1/8	4278	2	6	27 3/4	6160	10	0
23 1/4	4324	10	0	28	6272	0	0
23 3/8	4371	2	6	28 1/4	6384	10	0
23 1/2	4418	0	0	28 1/2	6498	0	0
23 5/8	4465	2	6	28 3/4	6612	10	0
23 3/4	4512	10	0	29	6728	0	0
23 7/8	4560	2	6	29 1/4	6844	10	0
24	4608	0	0	29 1/2	6962	0	0
24 1/8	4656	2	6	29 3/4	7080	10	0

Poids.	Prix.		Poids.	Prix.	
Karats	l. st.	sch.	Karats	l. st.	sch.
30	7200	0	36 ½	10658	0
30 ¼	7320	10	36 ¾	10804	10
30 ½	7442	0	37	10952	0
30 ¾	7564	10	37 ¼	11100	10
31	7688	0	37 ½	11250	0
31 ¼	7812	10	37 ¾	11400	10
31 ½	7938	0	38	11552	0
31 ¾	8064	10	38 ¼	11702	10
32	8192	0	38 ½	11858	0
32 ¼	8320	10	38 ¾	12012	10
32 ½	8450	0	39	12168	0
32 ¾	8580	10	39 ¼	12324	10
33	8712	0	39 ½	12482	0
33 ¼	8844	10	39 ¾	12640	10
33 ½	8978	0	40	12800	0
33 ¾	9112	10	40 ¼	12960	10
34	9248	0	40 ½	13122	0
34 ¼	9384	10	40 ¾	13284	10
34 ½	9522	0	41	13448	0
34 ¾	9660	10	41 ¼	13612	10
35	9800	0	41 ½	13778	0
35 ¼	9940	10	41 ¾	13944	10
35 ½	10082	0	42	14112	0
35 ¾	10224	10	42 ¼	14280	10
36	10368	0	42 ½	14450	0
36 ¼	10512	10	42 ¾	14620	10

Poids.	Prix.		Poids.	Prix.	
Karats	l. st.	sch.	Karats	l. st.	sch.
43	14792	0	49 ½	19602	0
43 ¼	14964	10	49 ¾	19800	10
43 ½	15138	0	50	20000	0
43 ¾	15312	10	50 ½	20402	0
44	15488	0	51	20808	0
44 ¼	15664	10	51 ½	21218	0
44 ½	15842	0	52	21632	0
44 ¾	16020	10	52 ½	22050	0
45	16200	0	53	22472	0
45 ¼	16380	10	53 ½	22898	0
45 ½	16562	0	54	23328	0
45 ¾	16744	10	54 ½	23762	0
46	16928	0	55	24200	0
46 ¼	17112	10	55 ½	24642	0
46 ½	17298	0	56	25088	0
46 ¾	17484	10	56 ½	25538	0
47	17672	0	57	25992	0
47 ¼	17860	10	57 ½	26450	0
47 ½	18050	0	58	26912	0
47 ¾	18240	10	58 ½	27378	0
48	18432	0	59	27848	0
48 ¼	18624	10	59 ½	28322	0
48 ½	18818	0	60	28800	0
48 ¾	19012	10	60 ½	29282	0
49	19208	0	61	29768	0
49 ¼	19404	10	61 ½	30258	0

Poids.	Prix.	Poids.	Prix.
Karats	l. st.	Karats	l. st.
62	30752	75	45000
62 ½	31250	76	46208
63	31752	77	47432
63 ½	32258	78	48672
64	32768	79	49928
64 ½	33282	80	51200
65	33800	81	52488
65 ½	34322	82	53792
66	34848	83	55112
66 ½	35378	84	56448
67	35912	85	57800
67 ½	36450	86	59168
68	36992	87	60552
68 ½	37538	88	61952
69	38088	89	63368
69 ½	38642	90	64800
70	39200	91	66248
70 ½	39762	92	67712
71	40328	93	69192
71 ½	40898	94	70688
72	41472	95	72200
72 ½	42050	96	73728
73	42632	97	75272
73 ½	43218	98	76832
74	43808	99	78408
74 ½	44402	100	80000

Le nombre de Perles contenu dans une once.	Leur poids	Valeur de chaque Perle à 2. sch. le K.		Valeur d'une once au même prix.		
N°.	Kts.	sch.	s.	l. st.	sch.	s.
150	1	2	0	15	0	0
160	$\frac{15}{16}$	1	9 $\frac{3}{32}$	14	1	3
171	$\frac{7}{8}$	1	6 $\frac{3}{8}$	13	1	10 $\frac{1}{8}$
184	$\frac{13}{16}$	1	3 $\frac{27}{32}$	12	2	11
200	$\frac{3}{4}$	1	1 $\frac{1}{2}$	11	5	0
218	$\frac{11}{16}$		11 $\frac{11}{32}$	10	6	0 $\frac{15}{16}$
240	$\frac{5}{8}$		9 $\frac{3}{8}$	9	7	6
266	$\frac{9}{16}$		7 $\frac{19}{32}$	8	8	3 $\frac{15}{16}$
300	$\frac{1}{2}$		6	7	10	0
342	$\frac{7}{16}$		4 $\frac{19}{32}$	6	10	11 $\frac{1}{16}$
400	$\frac{3}{8}$		3 $\frac{3}{8}$	5	12	6
480	$\frac{5}{16}$		2 $\frac{11}{32}$	4	13	9
600	$\frac{1}{4}$		1 $\frac{1}{2}$	3	15	0
800	$\frac{3}{16}$		$\frac{27}{32}$	2	16	3
1200	$\frac{1}{8}$		$\frac{3}{8}$	1	17	6
2400	$\frac{1}{16}$		$\frac{3}{32}$		18	9
4800	$\frac{1}{32}$		$\frac{3}{128}$		9	4 $\frac{1}{2}$

Le nombre de Perles contenu dans une once.	Leur poids	Valeur de chaque Perle à 4. sch. le K.		Valeur d'une once au même prix.		
N°.	Kts.	sch.	s.	l. st.	sch.	s.
150	1	4	0	30	0	0
160	15/16	3	6 3/16	28	2	6
171	7/8	3	0 3/4	26	3	8 1/4
184	13/16	2	7 11/16	24	5	10 1/2
200	3/4	2	3	22	10	0
218	11/16	1	10 11/16	20	12	1 7/8
240	5/8	1	6 3/4	18	15	0
266	9/16	1	3 3/16	16	16	7 7/8
300	1/2	1	0	15	0	0
342	7/16		9 3/16	13	1	10 1/8
400	3/8		6 3/4	11	5	0
480	5/16		4 11/16	9	7	6
600	1/4		3	7	10	0
800	3/16		1 11/16	5	12	6
1200	1/8		3/4	3	15	0
2400	1/16		3/16	1	17	6
4800	1/32		3/64		18	9

Le nombre de Perles contenu dans une once.	Leur poids	Valeur de chaque Perle à 6. ſch. le K.		Valeur d'une once au méme prix.		
N°.	Ks.	ſch.	ſ.	l. ſt.	ſch.	ſ.
150	1	6	0	45	0	0
160	15/16	5	3 9/32	42	3	9
171	7/8	4	7 1/8	39	5	6 3/8
184	13/16	3	11 17/32	36	8	9 3/4
200	3/4	3	4 1/2	33	15	0
218	11/16	2	10 1/32	30	18	2 13/16
240	5/8	2	4 1/8	28	2	6
266	9/16	1	10 25/32	25	4	11 13/16
300	1/2	1	6	22	10	0
342	7/16	1	1 25/32	19	12	9 3/16
400	3/8		10 1/8	16	17	6
480	5/16		7 1/32	14	1	3
600	1/4		4 1/2	11	5	0
800	3/16		2 17/32	8	8	9
1200	1/8		1 1/8	5	12	6
2400	1/16		9/32	2	16	3
4800	1/32		9/128	1	8	1 1/2

Le nombre de Perles contenu dans une once.	Leur poids	Valeur de chaque Perle à 8. sch. le K.		Valeur d'une once au même prix.		
N°.	Kts.	sch.	f.	l. st.	sch.	f.
150	1	8	0	60	0	0
160	$\frac{15}{16}$	7	0 $\frac{3}{8}$	56	5	0
171	$\frac{7}{8}$	6	1 $\frac{1}{2}$	52	7	4 $\frac{1}{2}$
184	$\frac{13}{16}$	5	3 $\frac{3}{8}$	48	11	9
200	$\frac{3}{4}$	4	6	45	0	0
218	$\frac{11}{16}$	3	9 $\frac{3}{8}$	41	4	3 $\frac{3}{4}$
240	$\frac{5}{8}$	3	1 $\frac{1}{2}$	37	10	0
266	$\frac{9}{16}$	2	6 $\frac{3}{8}$	33	13	3 $\frac{3}{4}$
300	$\frac{1}{2}$	2	0	30	0	0
342	$\frac{7}{16}$	1	6 $\frac{3}{8}$	26	3	8 $\frac{1}{4}$
400	$\frac{3}{8}$	1	1 $\frac{1}{2}$	22	10	0
480	$\frac{5}{16}$		9 $\frac{3}{8}$	18	15	0
600	$\frac{1}{4}$		6	15	0	0
800	$\frac{3}{16}$		3 $\frac{3}{8}$	11	5	0
1200	$\frac{1}{8}$		1 $\frac{1}{2}$	7	10	0
2400	$\frac{1}{16}$		$\frac{3}{8}$	3	15	0
4800	$\frac{1}{32}$		$\frac{3}{32}$	1	17	6

Le nombre de Perles contenu dans une once.	Leur poids	Valeur de chaque Perle à 10. ſch. le K.		Valeur d'une once au même prix.		
Nº.	Kts.	ſch.	ſ.	l. ſt.	ſch.	ſ.
150	1	10	0	75	0	0
160	$\frac{15}{16}$	8	9 $\frac{15}{32}$	70	6	3
171	$\frac{7}{8}$	7	7 $\frac{7}{8}$	65	9	2 $\frac{5}{8}$
184	$\frac{13}{16}$	6	7 $\frac{7}{32}$	60	14	8 $\frac{1}{4}$
200	$\frac{3}{4}$	5	7 $\frac{1}{2}$	56	5	0
218	$\frac{11}{16}$	4	8 $\frac{23}{32}$	51	10	4 $\frac{11}{16}$
240	$\frac{5}{8}$	3	10 $\frac{7}{8}$	46	17	6
266	$\frac{9}{16}$	3	1 $\frac{31}{32}$	42	1	7 $\frac{11}{16}$
300	$\frac{1}{2}$	2	6	37	10	0
342	$\frac{7}{16}$	1	10 $\frac{31}{32}$	32	14	7 $\frac{5}{16}$
400	$\frac{3}{8}$	1	4 $\frac{7}{8}$	28	2	6
480	$\frac{5}{16}$		11 $\frac{23}{32}$	23	8	9
600	$\frac{1}{4}$		7 $\frac{1}{2}$	18	15	0
800	$\frac{3}{16}$		4 $\frac{7}{32}$	14	1	3
1200	$\frac{1}{8}$		1 $\frac{7}{8}$	9	7	6
2400	$\frac{1}{16}$		$\frac{15}{32}$	4	13	9
4800	$\frac{1}{32}$		$\frac{15}{128}$	2	6	10 $\frac{1}{2}$

Le nombre de Perles contenu dans une once.	Leur poids	Valeur de chaque Perle à 12. sch. le K.		Valeur d'une once au même prix.		
N°.	Kts.	sch.	f.	l. st.	sch.	f.
150	1	12	0	90	0	0
160	$\frac{15}{16}$	10	0 $\frac{9}{16}$	84	7	6
171	$\frac{7}{8}$	9	2 $\frac{1}{4}$	78	11	0 $\frac{3}{4}$
184	$\frac{13}{16}$	7	11 $\frac{1}{16}$	72	17	7 $\frac{1}{2}$
200	$\frac{3}{4}$	6	9	67	10	0
218	$\frac{11}{16}$	5	8 $\frac{1}{16}$	61	16	5 $\frac{5}{8}$
240	$\frac{5}{8}$	4	8 $\frac{1}{4}$	56	5	0
266	$\frac{9}{16}$	3	9 $\frac{9}{16}$	50	9	11 $\frac{5}{8}$
300	$\frac{1}{2}$	3	0	45	0	0
342	$\frac{7}{16}$	2	3 $\frac{9}{16}$	39	5	6 $\frac{3}{8}$
400	$\frac{3}{8}$	1	8 $\frac{1}{4}$	33	15	0
480	$\frac{5}{16}$	1	2 $\frac{1}{16}$	28	2	6
600	$\frac{1}{4}$		9	22	10	0
800	$\frac{3}{16}$		5 $\frac{1}{16}$	16	17	6
1200	$\frac{1}{8}$		2 $\frac{1}{4}$	11	5	0
2400	$\frac{1}{16}$		$\frac{9}{16}$	5	12	6
4800	$\frac{1}{32}$		$\frac{9}{64}$	2	16	3

Le nombre de Perles contenu dans une once.	Leur poids	Valeur de chaque Perle à 14. sch. le K.		Valeur d'une once au même Prix.		
N°.	K^ts.	sch.	f.	fl.	sch.	f.
150	1	14	0	105	0	0
160	$\frac{15}{16}$	12	3 $\frac{21}{32}$	98	8	9
171	$\frac{7}{8}$	10	8 $\frac{5}{8}$	91	12	10 $\frac{7}{8}$
184	$\frac{13}{16}$	9	2 $\frac{29}{32}$	85	0	6 $\frac{3}{4}$
200	$\frac{3}{4}$	7	10 $\frac{1}{2}$	78	15	0
218	$\frac{11}{16}$	6	7 $\frac{13}{32}$	72	2	6 $\frac{9}{16}$
240	$\frac{5}{8}$	5	5 $\frac{5}{8}$	65	12	6
266	$\frac{9}{16}$	4	5 $\frac{5}{32}$	58	18	3 $\frac{9}{16}$
300	$\frac{1}{2}$	3	6	52	10	0
342	$\frac{7}{16}$	2	8 $\frac{5}{32}$	45	16	5 $\frac{1}{16}$
400	$\frac{3}{8}$	1	11 $\frac{5}{8}$	39	7	6
480	$\frac{5}{16}$	1	4 $\frac{13}{32}$	32	16	3
600	$\frac{1}{4}$		10 $\frac{1}{2}$	26	5	0
800	$\frac{3}{16}$		5 $\frac{29}{32}$	19	13	9
1200	$\frac{1}{8}$		2 $\frac{5}{8}$	13	2	6
2400	$\frac{1}{16}$		$\frac{21}{32}$	6	11	3
4800	$\frac{1}{32}$		$\frac{21}{128}$	3	5	7 $\frac{1}{2}$

Le nombre de Perles contenu dans une once.	Leur poids	Valeur de chaque Perle à 16. sch. le K.		Valeur d'une once au même prix.		
N°.	K^ts^.	sch.	s.	l. st.	sch.	s.
150	1	16	0	120	0	0
160	$\frac{15}{16}$	14	0 $\frac{3}{4}$	112	10	0
171	$\frac{7}{8}$	12	3	104	14	9
184	$\frac{13}{16}$	10	6 $\frac{3}{4}$	97	3	6
200	$\frac{3}{4}$	9	0	90	0	0
218	$\frac{11}{16}$	7	6 $\frac{3}{4}$	82	8	7 $\frac{1}{2}$
240	$\frac{5}{8}$	6	3	75	0	0
266	$\frac{9}{16}$	5	0 $\frac{3}{4}$	67	6	7 $\frac{1}{2}$
300	$\frac{1}{2}$	4	0	60	0	0
342	$\frac{7}{16}$	3	0 $\frac{3}{4}$	52	7	4 $\frac{1}{2}$
400	$\frac{3}{8}$	2	3	45	0	0
480	$\frac{5}{16}$	1	6 $\frac{3}{4}$	37	10	0
600	$\frac{1}{4}$	1	0	30	0	0
800	$\frac{3}{16}$		6 $\frac{3}{4}$	22	10	0
1200	$\frac{1}{8}$		3	15	0	0
2400	$\frac{1}{16}$		$\frac{3}{4}$	7	10	0
4800	$\frac{1}{32}$		$\frac{3}{16}$	3	15	0

Poids.	Prix.			Poids.	Prix.		
Karats	l. ſt.	ſch.	ſ.	Karats	l. ſt.	ſch.	ſ.
1		8	0	4 3/8	7	13	1 1/2
1 1/8		10	1 1/2	4 1/2	8	2	0
1 1/4		12	6	4 5/8	8	11	1 1/2
1 3/8		15	1 1/2	4 3/4	9	0	6
1 1/2		18	0	4 7/8	9	10	1 1/2
1 5/8	1	1	1 1/2	5	10	0	0
1 3/4	1	4	6	5 1/8	10	10	1 1/2
1 7/8	1	8	1 1/2	5 1/4	11	0	6
2	1	12	0	5 3/8	11	11	1 1/2
2 1/8	1	16	1 1/2	5 1/2	12	2	0
2 1/4	2	0	6	5 5/8	12	13	1 1/2
2 3/8	2	5	1 1/2	5 3/4	13	4	6
2 1/2	2	10	0	5 7/8	13	16	1 1/2
2 5/8	2	15	1 1/2	6	14	8	0
2 3/4	3	0	6	6 1/8	15	0	1 1/2
2 7/8	3	6	1 1/2	6 1/4	15	12	6
3	3	12	0	6 3/8	16	5	1 1/2
3 1/8	3	18	1 1/2	6 1/2	16	18	0
3 1/4	4	4	6	6 5/8	17	11	1 1/2
3 3/8	4	11	1 1/2	6 3/4	18	4	6
3 1/2	4	18	0	6 7/8	18	18	1 1/2
3 5/8	5	5	1 1/2	7	19	12	0
3 3/4	5	12	6	7 1/8	20	6	1 1/2
3 7/8	6	0	1 1/2	7 1/4	21	0	6
4	6	8	0	7 3/8	21	15	1 1/2
4 1/8	6	16	1 1/2	7 1/2	22	10	0
4 1/4	7	4	6	7 5/8	23	5	1 1/2

Poids.	Prix.			Poids.	Prix.		
Karats	l.st.	sch.	s.	Karats	l.st.	sch.	s.
7 3/4	24	0	6	11 1/8	49	10	1 1/2
7 7/8	24	16	1 1/2	11 1/4	50	12	6
8	25	12	0	11 3/8	51	15	1 1/2
8 1/8	26	8	1 1/2	11 1/2	52	18	0
8 1/4	27	4	6	11 5/8	54	1	1 1/2
8 3/8	28	1	1 1/2	11 3/4	55	4	6
8 1/2	28	18	0	11 7/8	56	8	1 1/2
8 5/8	29	15	1 1/2	12	57	12	0
8 3/4	30	12	6	12 1/8	58	16	1 1/2
8 7/8	31	10	1 1/2	12 1/4	60	0	6
9	32	8	0	12 3/8	61	5	1 1/2
9 1/8	33	6	1 1/2	12 1/2	62	10	0
9 1/4	34	4	6	12 5/8	63	15	1 1/2
9 3/8	35	3	1 1/2	12 3/4	65	0	6
9 1/2	36	2	0	12 7/8	66	6	1 1/2
9 5/8	37	1	1 1/2	13	67	12	0
9 3/4	38	0	6	13 1/8	68	18	1 1/2
9 7/8	39	0	1 1/2	13 1/4	70	4	6
10	40	0	0	13 3/8	71	11	1 1/2
10 1/8	41	0	1 1/2	13 1/2	72	18	0
10 1/4	42	0	6	13 5/8	74	5	1 1/2
10 3/8	43	1	1 1/2	13 3/4	75	12	6
10 1/2	44	2	0	13 7/8	77	0	1 1/2
10 5/8	45	3	1 1/2	14	78	8	0
10 3/4	46	4	6	14 1/8	79	16	1 1/2
10 7/8	47	6	1 1/2	14 1/4	81	4	6
11	48	8	0	14 3/8	82	13	1 1/2

Poids	Prix.			Poids	Prix.		
Karats	l. st.	sch.	s.	Karats	l. st.	sch.	s.
14 ½	84	2	0	17 ¾	126	0	6
14 ⅝	85	11	1 ½	17 ⅞	127	16	1 ½
14 ¾	87	0	6	18	129	12	0
14 ⅞	88	10	1 ½	18 ⅛	131	8	1 ½
15	90	0	0	18 ¼	133	4	6
15 ⅛	91	10	1 ½	18 ⅜	135	1	1 ½
15 ¼	93	0	6	18 ½	136	18	0
15 ⅜	94	11	1 ½	18 ⅝	138	15	1 ½
15 ½	96	2	0	18 ¾	140	12	6
15 ⅝	97	13	1 ½	18 ⅞	142	10	1 ½
15 ¾	99	4	6	19	144	8	0
15 ⅞	100	16	1 ½	19 ⅛	146	6	1 ½
16	102	8	0	19 ¼	148	4	6
16 ⅛	104	0	1 ½	19 ⅜	150	3	1 ½
16 ¼	105	12	6	19 ½	152	2	0
16 ⅜	107	5	1 ½	19 ⅝	154	1	1 ½
16 ½	108	18	0	19 ¾	156	0	6
16 ⅝	110	11	1 ½	19 ⅞	158	0	1 ½
16 ¾	112	4	6	20	160	0	0
16 ⅞	113	18	1 ½	20 ⅛	162	0	1 ½
17	115	12	0	20 ¼	164	0	6
17 ⅛	117	6	1 ½	20 ⅜	166	1	1 ½
17 ¼	119	0	6	20 ½	168	2	0
17 ⅜	120	15	1 ½	20 ⅝	170	3	1 ½
17 ½	122	10	0	20 ¾	172	4	6
17 ⅝	124	5	1 ½	20 ⅞	174	6	1 ½

Poids.	Prix.			Poids.	Prix.		
Karats	l. st.	sch.	s.	Karats	l. st.	sch.	s.
21	176	8	0	24 1/4	235	4	6
21 1/8	178	10	1 1/2	24 3/8	237	13	1 1/2
21 1/4	180	12	6	24 1/2	240	2	0
21 3/8	182	15	1 1/2	24 5/8	242	11	1 1/2
21 1/2	184	18	0	24 3/4	245	0	6
21 5/8	187	1	1 1/2	24 7/8	247	10	1 1/2
21 3/4	189	4	6	25	250	0	0
21 7/8	191	8	1 1/2	25 1/4	255	0	6
22	193	12	0	25 1/2	260	2	0
22 1/8	195	16	1 1/2	25 3/4	265	4	6
22 1/4	198	0	6	26	270	8	0
22 3/8	200	5	1 1/2	26 1/4	275	12	6
22 1/2	202	10	0	26 1/2	280	18	0
22 5/8	204	15	1 1/2	26 3/4	286	4	6
22 3/4	207	0	6	27	291	12	0
22 7/8	209	6	1 1/2	27 1/4	297	0	6
23	211	12	0	27 1/2	302	10	0
23 1/8	213	18	1 1/2	27 3/4	308	0	6
23 1/4	216	4	6	28	313	12	0
23 3/8	218	11	1 1/2	28 1/4	319	4	6
23 1/2	220	18	0	28 1/2	324	18	0
23 5/8	223	5	1 1/2	28 3/4	330	12	6
23 3/4	225	12	6	29	336	8	0
23 7/8	228	0	1 1/2	29 1/4	342	4	6
24	230	8	0	29 1/2	348	2	0
24 1/8	232	16	1 1/2	29 3/4	354	0	6

Poids.	Prix.			Poids.	Prix.		
Karats	l. st.	sch.	s.	Karats	l. st.	sch.	s.
30	360	0	0	36 ½	532	18	0
30 ¼	366	0	6	36 ¾	540	4	6
30 ½	372	2	0	37	547	12	0
30 ¾	378	4	6	37 ¼	555	0	6
31	384	8	0	37 ½	562	10	0
31 ¼	390	12	6	37 ¾	570	0	6
31 ½	396	18	0	38	577	12	0
31 ¾	403	4	6	38 ¼	585	4	6
32	409	12	0	38 ½	592	18	0
32 ¼	416	0	6	38 ¾	600	12	6
32 ½	422	10	0	39	608	8	0
32 ¾	429	0	6	39 ¼	616	4	6
33	435	12	0	39 ½	624	2	0
33 ¼	442	4	6	39 ¾	632	0	6
33 ½	448	18	0	40	640	0	0
33 ¾	455	12	6	40 ¼	648	0	6
34	462	8	0	40 ½	656	2	0
34 ¼	469	4	6	40 ¾	664	4	6
34 ½	476	2	0	41	672	8	0
34 ¾	483	0	6	41 ¼	680	12	6
35	490	0	0	41 ½	688	18	0
35 ¼	497	0	6	41 ¾	697	4	6
35 ½	504	2	0	42	705	12	0
35 ¾	511	4	6	42 ¼	714	0	6
36	518	8	0	42 ½	722	10	0
36 ¼	525	2	6	42 ¾	731	0	6

Poids.	Prix.			Poids.	Prix.		
Karats	l. st.	sch.	s.	Karats	l. st.	sch.	s.
43	739	12	0	49 ½	980	2	0
43 ¼	748	4	6	49 ¾	990	0	6
43 ½	756	18	0	50	1000	0	0
43 ¾	765	12	6	50 ½	1020	2	0
44	774	8	0	51	1040	8	0
44 ¼	783	4	6	51 ½	1060	18	0
44 ½	792	2	0	52	1081	12	0
44 ¾	801	0	6	52 ½	1102	10	0
45	810	0	0	53	1123	12	0
45 ¼	819	0	6	53 ½	1144	18	0
45 ½	828	2	0	54	1166	8	0
45 ¾	837	4	6	54 ½	1188	2	0
46	846	8	0	55	1210	0	0
46 ¼	855	12	6	55 ½	1232	2	0
46 ½	864	18	0	56	1254	8	0
46 ¾	874	4	6	56 ½	1276	18	0
47	883	12	0	57	1299	12	0
47 ¼	893	0	6	57 ½	1322	10	0
47 ½	902	10	0	58	1345	12	0
47 ¾	912	0	6	58 ½	1368	18	0
48	921	12	0	59	1392	8	0
48 ¼	931	4	6	59 ½	1416	2	0
48 ½	940	18	0	60	1440	0	0
48 ¾	950	12	6	60 ½	1464	2	0
49	960	8	0	61	1488	8	0
49 ¼	970	4	6	61 ½	1512	18	0

Poids.	Prix.		Poids.	Prix.	
Karats	l. ſt.	ſch.	Karats	l. ſt.	ſch.
62	1537	12	75	2250	0
62 ½	1562	10	76	2310	8
63	1587	12	77	2371	12
63 ½	1612	18	78	2433	12
64	1638	8	79	2496	8
64 ½	1664	2	80	2560	0
65	1690	0	81	2624	8
65 ½	1716	2	82	2689	12
66	1742	8	83	2755	12
66 ½	1768	18	84	2822	8
67	1795	12	85	2890	0
67 ½	1822	10	86	2958	8
68	1849	12	87	3027	12
68 ½	1876	18	88	3097	12
69	1904	8	89	3168	8
69 ½	1932	2	90	3240	0
70	1960	0	91	3312	8
70 ½	1988	2	92	3385	12
71	2016	8	93	3459	12
71 ½	2044	18	94	3534	8
72	2073	12	95	3610	0
72 ½	2102	10	96	3686	8
73	2131	12	97	3763	12
73 ½	2160	18	98	3841	12
74	2190	8	99	3920	8
74 ½	2220	2	100	4000	0

FIN.

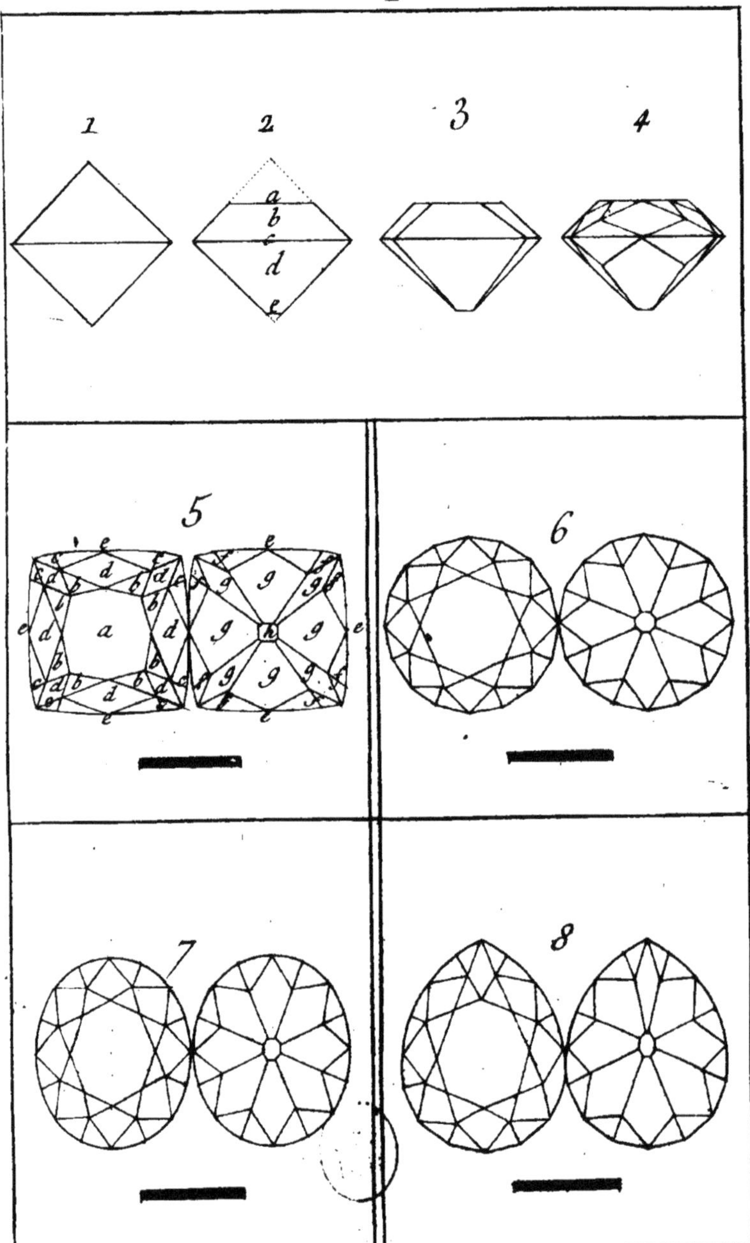
1
1
2
3
4
a
b
c
d
e
5
6
7
8

Grandeurs des Diamants Taillés en Brillants.

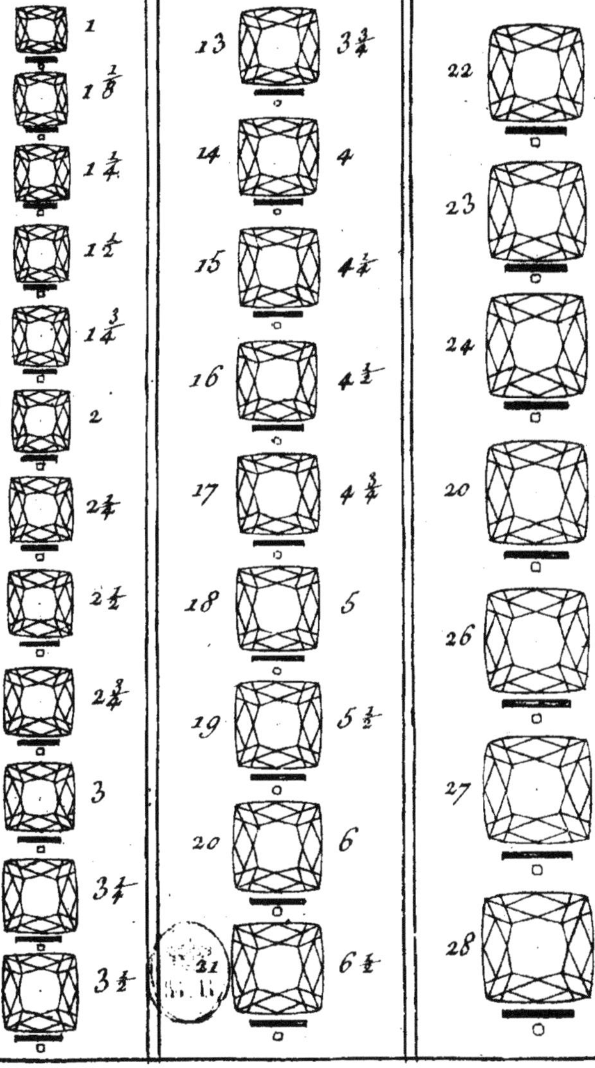

Numero	Poids	N.°	P.ds	N.°	P.ds
1	1	13	3 3/4	22	7
2	1 1/8	14	4	23	7 1/2
3	1 1/4	15	4 1/4	24	8
4	1 1/2	16	4 1/2	20	9
5	1 3/4	17	4 3/4	26	10
6	2	18	5	27	11
7	2 1/4	19	5 1/2	28	12 1/2
8	2 1/2	20	6		
9	2 3/4	21	6 1/2		
10	3				
11	3 1/4				
12	3 1/2				

suite des Diamants taillés en Brillants.

N.°	P.ds	N.°	P.ds
29	14	35	24
30	15 ½	36	26
31	17	37	28
32	18 ½	38	30
33	20	39	33
34	22		

Suite des Diamants taillés en Brillants.

N.°	P.ds	N.°	P.ds
40	36	44	50
41	39	45	54
42	42	46	58
43	46	47	62

Suite des Diamants taillés en Brillants.

N.°	P.ds	N.°	P.ds
48	66	52	85
49	70	53	90
50	75	54	95
51	80	55	100

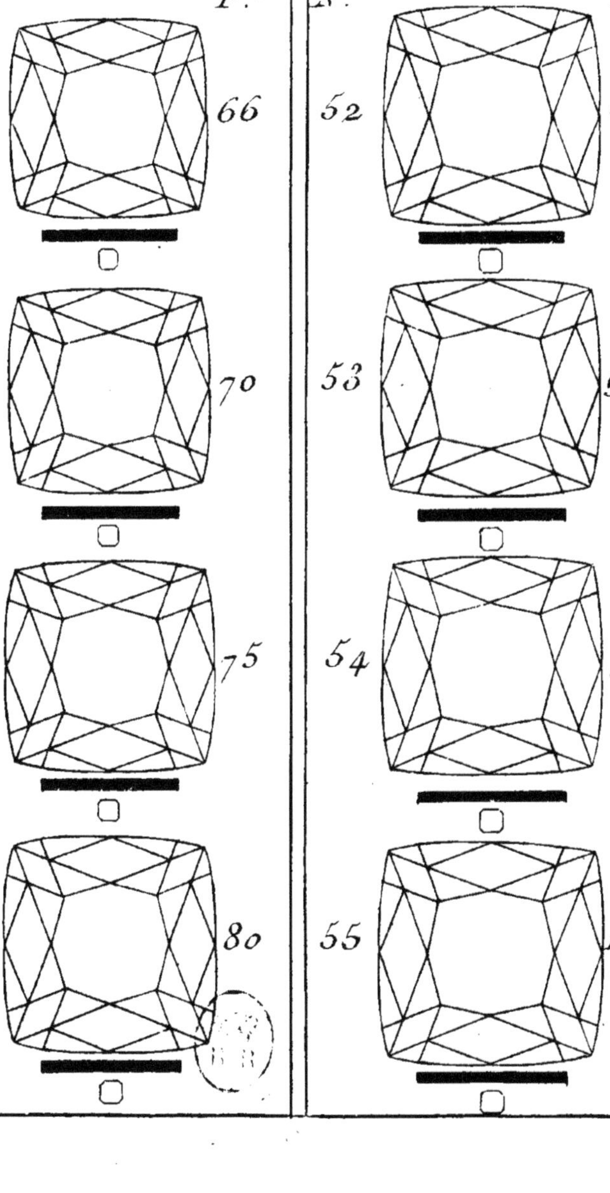

6

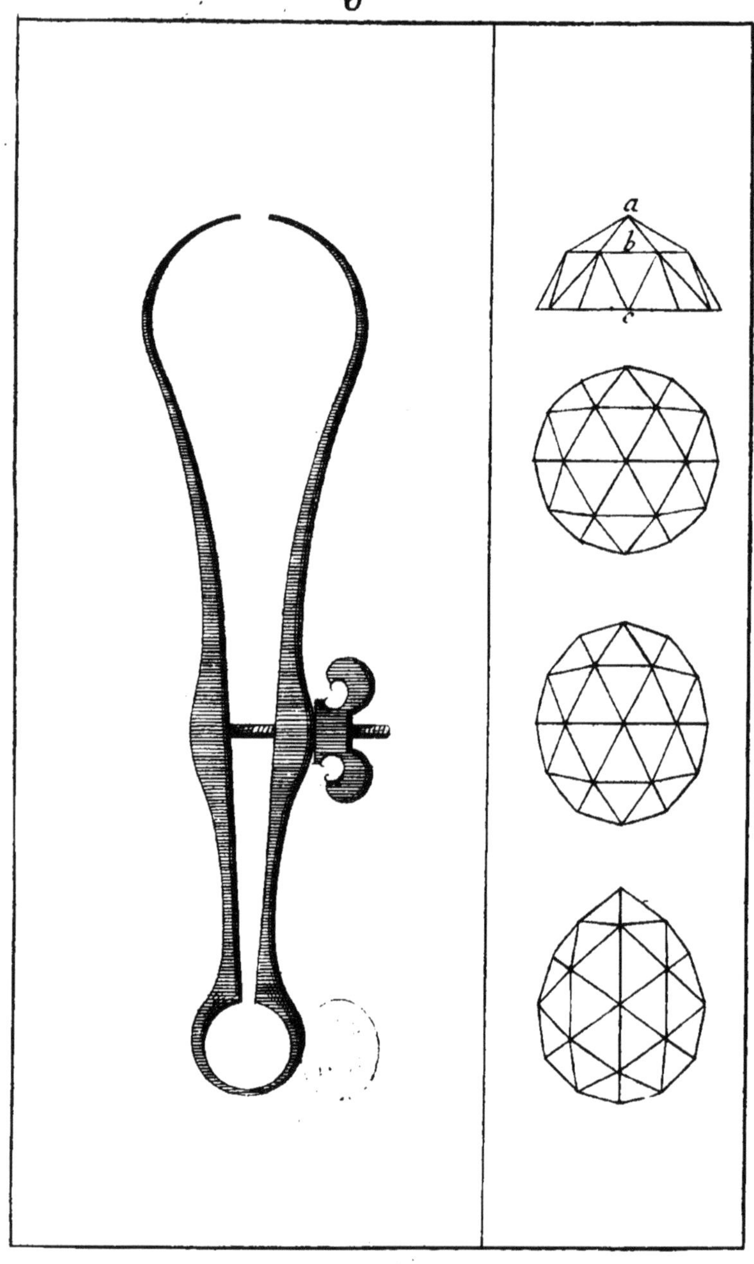

Grandeurs des Diamants taillés en Rose

Numero	Poids	N°	P.ds	N°	P.ds
1	1	13	$3\frac{3}{4}$	22	7
2	$1\frac{1}{8}$	14	4	23	$7\frac{1}{2}$
3	$1\frac{1}{4}$	15	$4\frac{1}{4}$	24	8
4	$1\frac{1}{2}$	16	$4\frac{1}{2}$	25	9
5	$1\frac{3}{4}$	17	$4\frac{3}{4}$	26	10
6	2	18	5	27	11
7	$2\frac{1}{4}$	19	$5\frac{1}{2}$	28	$12\frac{1}{2}$
8	$2\frac{1}{2}$	20	6		
9	$2\frac{3}{4}$	21	$6\frac{1}{2}$		
10	3				
11	$3\frac{1}{4}$				
12	$3\frac{1}{2}$				

Suite des Diamants taillés en Roses.

N.º	P.ds	N.º	P.ds
29	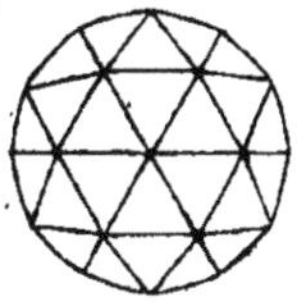 14	35	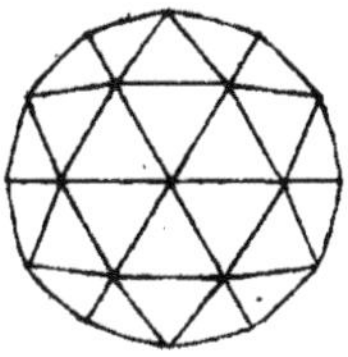 24
30	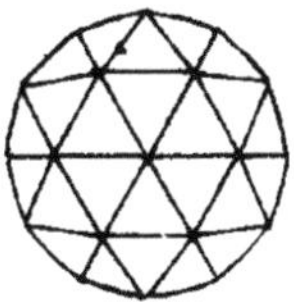 15 ½	36	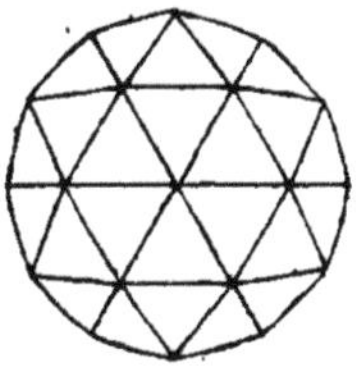 26
31	 17	37	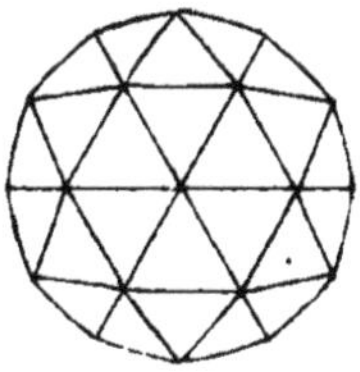 28
32	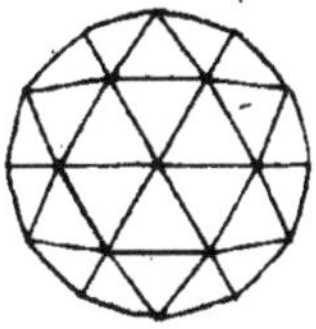 18 ½	38	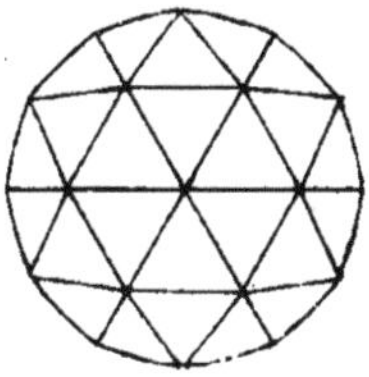 30
33	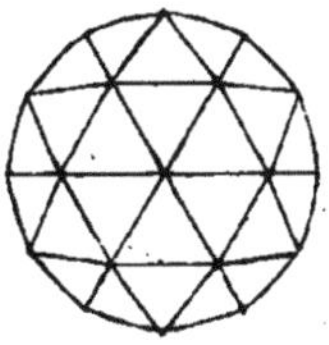 20	39	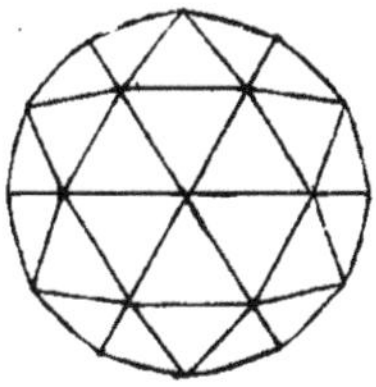 33
34	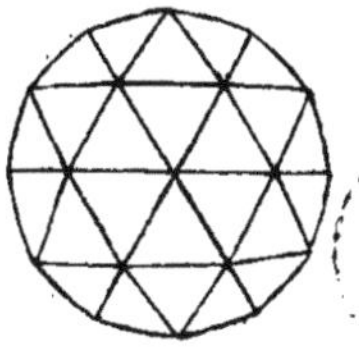 22		

Suite des Diamants taillées en Roses.

N.º	p.ds	N.º	p.ds
40	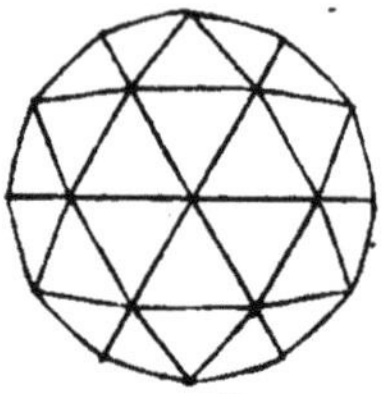 36	44	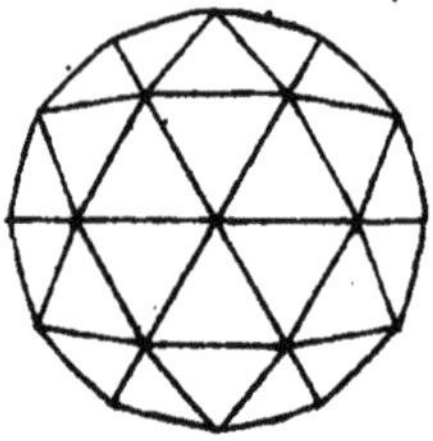 50
41	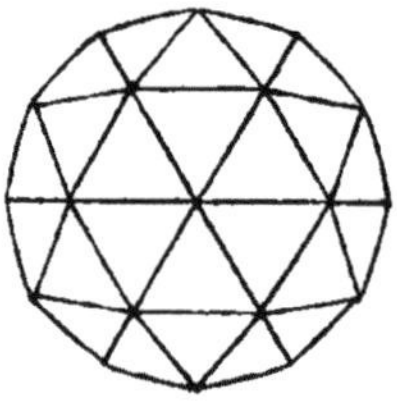 39	45	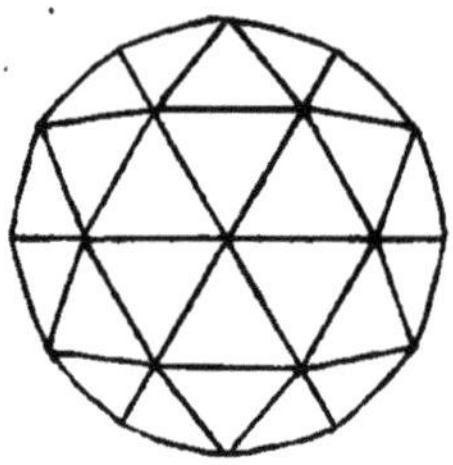 54
42	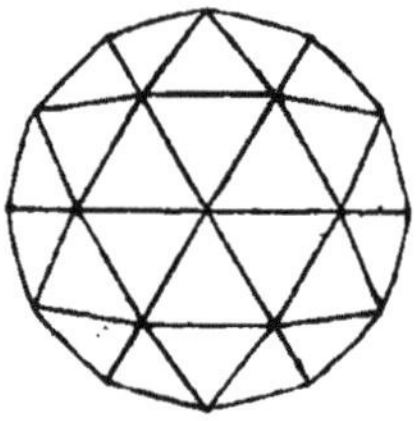 42	46	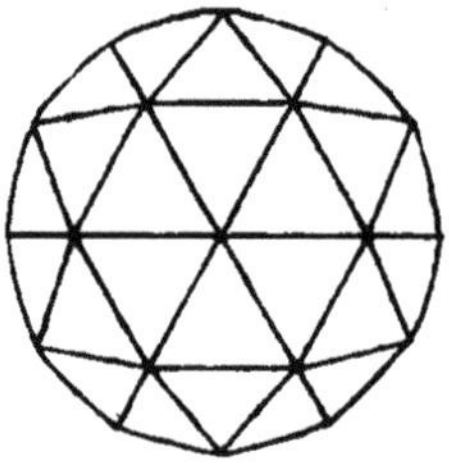 58
43	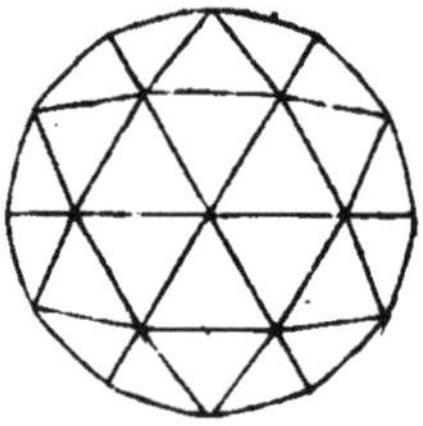 46	47	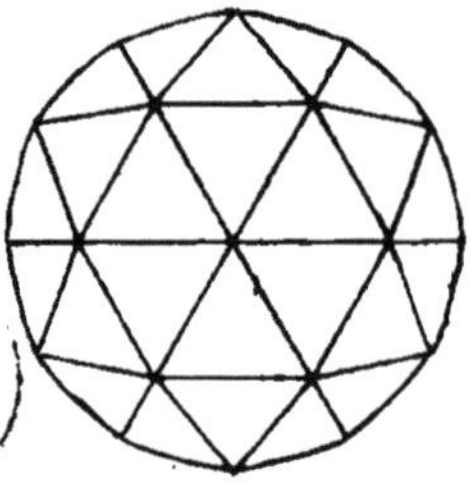 62

Suite des Diamants taillées en Roses.

N°		P.ds
48	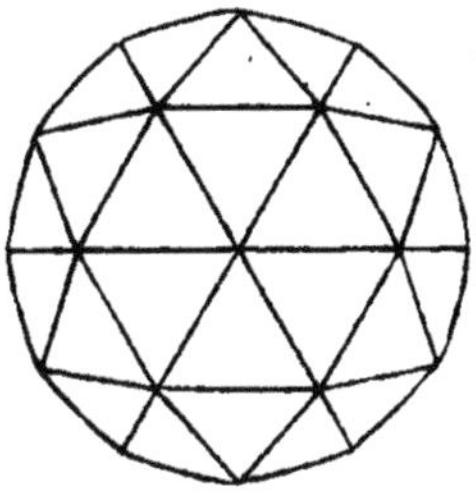	66
49	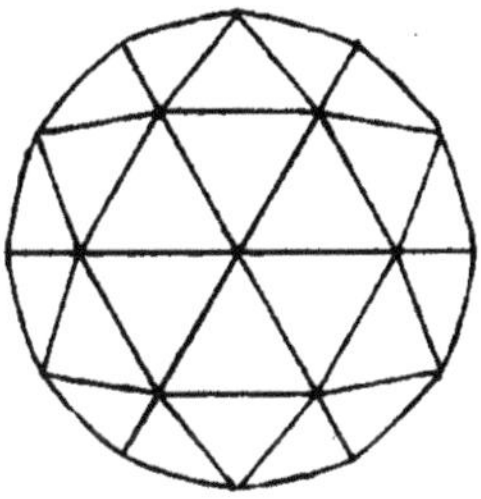	70
50	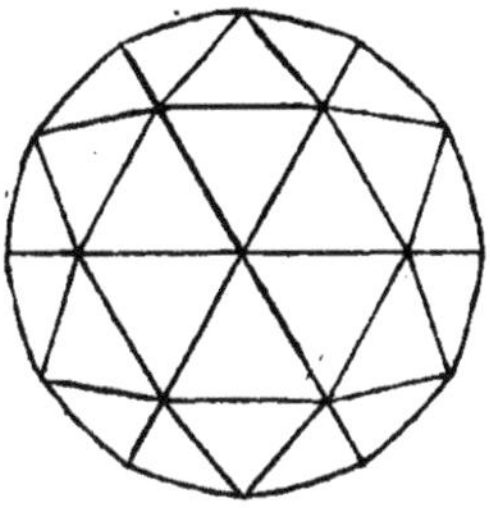	75
51	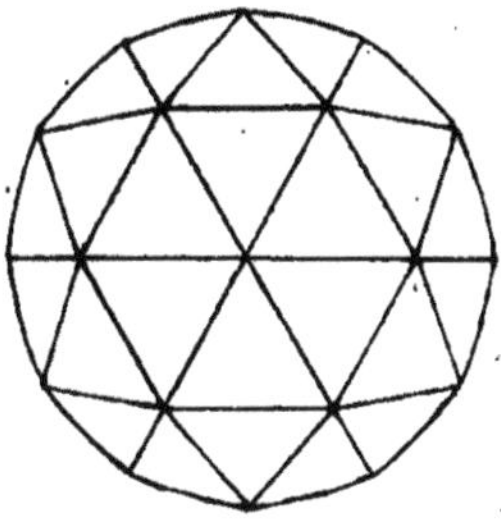	80

N°		P.ds
52	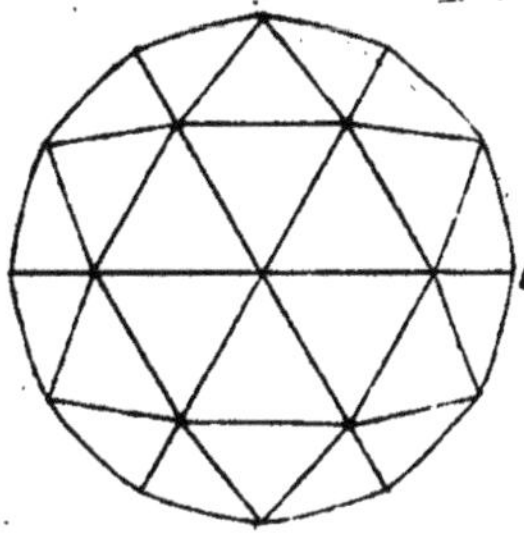	85
53	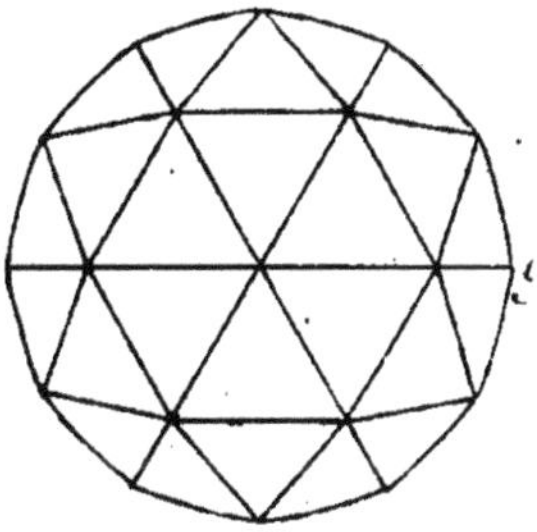	90
54	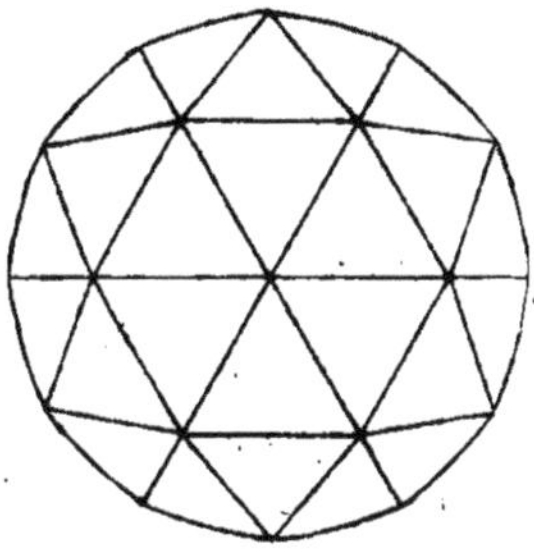	95
55	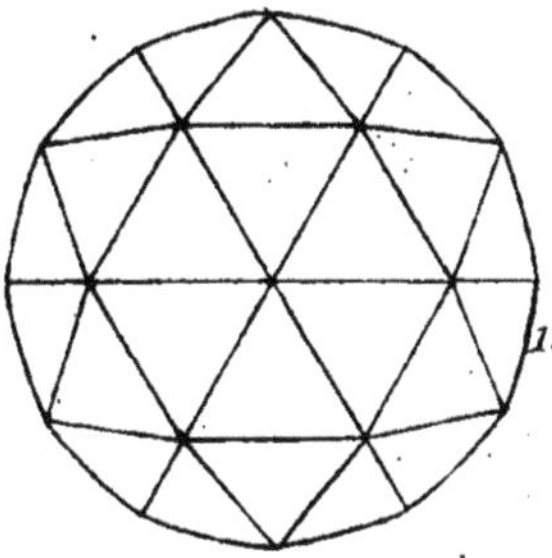	100

www.ingramcontent.com/pod-product-compliance
Ingram Content Group UK Ltd.
Pitfield, Milton Keynes, MK11 3LW, UK
UKHW020259180726
13839UKWH00001B/341